公园街边
植物轻松识
一眼认出常见植物

张　华⊙著
王意成⊙主审

中国水利水电出版社
www.waterpub.com.cn
·北京·

内容提要

本书是一本让我们亲近大自然的书，共收录了二百多个品种的花草树木，每种植物不但配有名字、别名、科属、分布和形态特征，还介绍了它们的生长环境、繁殖方式、应用价值和园林绿化等，并对每种植物配有2~5张精美的图片。本书文字简洁、易懂，图片清晰、直观，此外书中收录的植物有些是药用植物，不仅可以用于观赏，还可以药用，可谓一举两得。

这是一本具有科学性、工具性和实践性的读物，也是植物爱好者识别各种花草树木的必备佳品。打开本书，认识和欣赏那些在公园和街边经常能看到的花草树木，放松身心，靠近大自然，来一次美妙的阅读体验。

图书在版编目（CIP）数据

公园街边植物轻松识 ： 一眼认出常见植物 / 张华著
. -- 北京 ： 中国水利水电出版社, 2017.4
ISBN 978-7-5170-4995-1

Ⅰ. ①公… Ⅱ. ①张… Ⅲ. ①植物－普及读物 Ⅳ.
①Q94-49

中国版本图书馆CIP数据核字(2017)第002072号

策划编辑：杨庆川　　责任编辑：杨元泓　　加工编辑：张天娇

书　　名	公园街边植物轻松识：一眼认出常见植物 GONGYUAN JIEBIAN ZHIWU QINGSONG SHI:YIYAN RENCHU CHANGJIAN ZHIWU
作　　者	张华　著　王意成　主审
出版发行	中国水利水电出版社 （北京市海淀区玉渊潭南路1号D座 100038） 网　址：www.waterpub.com.cn E-mail：mchannel@263.net（万水） sales@waterpub.com.cn 电　话：（010）68367658（营销中心）、82562819（万水）
经　　售	全国各地新华书店和相关出版物销售网点
排　　版	北京创智明辉文化发展有限公司
印　　刷	联城印刷（北京）有限公司
规　　格	170mm×240mm　16开本　16印张　399千字
版　　次	2017年4月第1版　2017年4月第1次印刷
印　　数	0001—5000册
定　　价	68.00元

前言

我们生活的世界有各种各样的鲜花、野草、树木、灌木和藤本植物，有了这些精灵，自然界才更加生机勃勃，我们的生活才更加多姿多彩。在小区的公园、道路两旁、花园里……我们经常可以看到它们的身影，有一些我们能叫出名字，比如荷花、绿萝、菊花、蒲公英、垂柳、梧桐等，有一些花草树木我们却叫不出它们的名字，感觉熟悉而又陌生。

那么，请停下我们匆忙的脚步，拿出本书吧，观察眼前花草树木的特点，对照书中的描述和图片，相信我们很快就能识别它们，叫出它们的名字，并结识一个个新的“朋友”，原来，我们的生活还可以有更多的乐趣。

《公园街边植物轻松识：一眼认出常见植物》是一本让我们亲近大自然的书，本书共收录了二百多个品种的花草树木，每种植物不但配有名字、别名、科属、分布和形态特征，还介绍了它们的生长环境、应用价值、繁殖方式和园林绿化等，并对每种植物配有 2 ~ 5 张精美的图片。本书文字简洁、易懂，图片清晰、直观，此外，本书中收录的植物有些是药用植物，不仅可以用于观赏，还可以药用，可谓一举两得。

这是一本具有科学性、工具性和实践性的读物，也是植物爱好者识别各种花草树木的必备佳品。我们在闲暇之余，细心触摸身边的花草树木，让这些无声之友相伴我们成长，与我们彼此熟悉，会是一件非常美妙的事情。

打开本书，认识和欣赏那些在公园和街边经常能看到的花草树木，放松自己的身心，靠近大自然，来一次美妙的阅读体验，给我们的生活增添一抹绿色，带来一份久违的乐趣。

阅读导航

介绍植物的别名、科属和分布，让读者对植物有初步的了解

详细介绍植物的植株和茎、叶、花、果等知识，方便读者进行识别

对植物的习性和生长环境进行介绍，进一步加深对植物的认知

对植物的整体或局部特点加以注解，方便读者辨别

孔雀草

别名： 小万寿菊、西番菊、红黄草、缎子花

科属： 菊科万寿菊属

分布： 全国各地

形态特征

一年生草本植物。植株高 30 ~ 100 厘米；茎直立，一般情况下在基部开始分枝，且分枝斜着展开；叶长 2 ~ 9 厘米，宽 1.5 ~ 3 厘米，羽状分裂，裂片呈线状披针形，边缘有锯齿，锯齿顶端有长细芒，锯齿基部一般有 1 个腺体；舌状花金黄色或橙色，上面常带有红色的斑点；管状花长 10 ~ 14 毫米，花冠为黄色，有 5 个齿裂；头状花序，单生，直径 3.5 ~ 4 厘米，花序梗长 5 ~ 6.5 厘米，顶端变粗；瘦果黑色；花期 7 ~ 9 月。

生长环境

常生于海拔 750 ~ 1600 米的树林中及山坡和草地上，庭院中常见有栽培。孔雀草喜阳光，但在半阴的环境下也可以开花，对土壤要求不严。

繁殖方式

播种。

应用价值

全草可入药，具有清热解毒、止咳化痰、补血通经的功效，对风热感冒、百日咳、牙痛、腮腺炎等症有辅助治疗的作用。

园林绿化

孔雀草的花朵颜色亮丽，金黄色或橙色都非常醒目，且其对环境的适应性较强，加之生长迅速，所以逐渐成为庭院及花坛的主体花卉。

头状花序，单生

花序梗长 5 ~ 6.5 厘米，顶端变粗

6 公园街边植物轻松识：一眼认出常见植物

青蒿

别名： 草蒿、廪蒿、邪蒿、香蒿、苦蒿

科属： 菊科蒿属

分布： 全国大部分地区

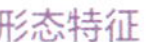

形态特征

一年生草本植物。直立的茎单生，圆柱形，高30 ~ 150厘米，上部的分枝较多，有纵纹；叶片互生，青绿色或淡绿色，基生叶和茎下部的叶片三回栉齿状羽状分裂；中部叶为长圆形或椭圆形等，二回栉齿状羽状分裂，每侧有4 ~ 6枚长圆形的裂片；头状花序，呈半球形或近半球形，在分枝上成穗状花序式的总状花序，在茎上组成开展的圆锥花序；花朵淡黄色；瘦果长圆形或椭圆形；花果期6 ~ 9月。

生长环境

多分散生长在海拔50 ~ 300米的低山丘陵地带的溪边、坡地、林下、道路旁等。青蒿喜欢光照充足、湿润的环境，不耐干旱，不耐水渍。

繁殖方式

播种、分株。

应用价值

全草可入药，具有清热凉血、解暑截疟、祛风止痒等功效，对咽喉肿痛、阴虚潮热、骨蒸劳热、寒热发渴、疟疾、湿热黄疸等症有辅助治疗的作用。

园林绿化

青蒿的适应性较强，可用于公园、荒地、林下、道路旁、庭院等处的绿化栽植。

列出各种植物的栽培方式，方便读者对植物进行培植

详细介绍植物的药用功效和食用价值

对每一种植物的园林绿化进行介绍

叶片互生，青绿色或淡绿色

直立的茎单生，圆柱形，高30 ~ 150厘米

多幅高清大图，使读者能更加直观地认识这种植物

目录

前言
阅读导航
1 植物的分类
2 植物的器官
3 植物的价值

第一章 草本植物

6 孔雀草
7 青蒿
8 松果菊
9 百日菊
10 金盏菊
12 波斯菊
13 剑叶金鸡菊
14 菊花
16 大丽花
17 万寿菊
18 向日葵
20 蒲公英
21 苋菜
22 鸡冠花
23 千日红
24 荠菜
25 诸葛菜
26 紫罗兰
27 鹤顶兰
28 狗尾巴草
29 狼尾草
30 芦苇
31 香蒲
32 荷花
34 睡莲
35 雨久花
36 凤眼蓝
37 千屈菜
38 鸢尾
39 美女樱
40 紫茉莉
41 三色堇
42 芍药
43 柳叶菜
44 美丽月见草
45 山桃草
46 虞美人
47 锦葵
48 蜀葵
50 野芝麻
51 罗勒
52 夏枯草
53 薄荷
54 多花筋骨草
55 益母草
56 一串红
57 一串蓝
58 薰衣草
59 紫苏
60 地黄
61 美人蕉
62 醉蝶花
63 黄菖蒲
64 红花酢浆草
65 麦冬
66 玉竹
68 野韭菜
69 萱草
70 薤白
71 玉簪
72 葡萄风信子
73 山丹
74 火炬花
75 铃兰
76 郁金香
77 蛇莓
78 天蓝绣球
80 石竹
81 常夏石竹
82 凤仙花
83 葱莲
84 石蒜
85 君子兰
86 朱顶红
87 羽衣甘蓝
88 油菜
89 鸭跖草
90 紫鸭跖草
91 四季海棠
92 聚合草
93 车轴草
94 平车前
95 五彩芋
96 红掌
97 紫芋
98 茑萝
99 马鞭草
100 鱼腥草
101 地肤
102 马齿苋
103 半支莲
104 芭蕉

第二章 藤本植物

107 鸡矢藤
108 北五味子
109 百香果
111 天门冬
112 狗枣猕猴桃
113 凌霄
114 爬山虎
115 软枣猕猴桃
117 三叶木通
118 铁线莲
119 紫藤
121 葛
122 炮仗花
123 打碗花
124 牵牛花
125 忍冬
126 常春藤

第三章 灌木植物

129 海仙花
130 藤本月季
132 枇杷
133 粉团蔷薇
134 火棘
136 榆叶梅
137 棣棠花
138 月季花
140 野蔷薇
141 红叶石楠
142 毛樱桃
144 九里香
145 珊瑚樱
146 杜鹃
148 金钟花
149 女贞
150 连翘
151 迎春花
152 茉莉花
153 桂花
154 狗牙花
155 软枝黄蝉
156 夹竹桃
157 蔓长春花
158 山茱萸
159 洒金桃叶珊瑚
160 迷迭香
161 枸骨
162 阔叶十大功劳
163 紫叶小檗
164 南天竹
165 金丝桃
166 金缕梅
167 红花檵木
168 蚊母树
169 锦带花
170 琼花
171 紫玉兰
172 含笑花
173 紫薇
174 牡丹
176 木芙蓉
177 朱槿
178 木槿
180 蜡梅
181 栀子
182 龙船花
183 盐肤木
184 山茶
186 无花果
187 黄杨
188 海桐
190 变叶木
191 红背桂
192 虎刺梅
193 朱蕉
194 石榴
196 八角金盘
197 鹅掌柴
198 棕竹
199 散尾葵

第四章 乔木植物

202 白玉兰
203 鹅掌楸
204 碧桃
206 紫叶李
207 垂丝海棠
208 贴梗海棠
210 西府海棠
211 梅
212 桃
214 日本晚樱
215 苏铁
216 杏
218 紫丁香
219 紫荆
220 合欢
221 枣
222 柿
224 垂柳
225 杨梅
226 榆树
227 侧柏
228 落羽杉
229 水杉
230 马尾松
231 槐
232 樟
233 构树
234 桑树
235 三球悬铃木
236 银杏
237 乌桕
238 鸡爪槭
239 棕榈
240 栾树
241 臭椿
242 火炬树
243 洋紫荆
244 木棉
245 泡桐

246 本书植物名称按拼音索引

植物的分类

按现代分类系统

地球上所有的生物，按照现代分类系统，可分为界、门、纲、目、科、属、种共 7 大类，而整个植物界通常被分为裸藻、绿藻、蓝藻、真菌、蕨类植物、裸子植物、被子植物等 16 门。纲隶属于门，如被子植物门可分为单子叶植物纲和双子叶植物纲。目隶属于纲，如单子叶植物纲可分为槟榔目、香蒲目、百合目等。科隶属于目，一个科包含了一个或数个相近的属。如香蒲目可分为香蒲科、黑三棱科等。一个属包含了一个或数个相近的种，而每个单位的个体就是一个种，有相似的形态特征。

按形态特征

根据植物对综合生长环境长期适应而在外貌上表现出来的生长类型，可分为草本、藤本、灌木以及乔木植物。

草本植物是指茎秆和叶片多汁、柔软呈草质的一类植物，比较常见，包括一年生、二年生和多年生草本植物。

藤本植物的植物体细长，无法直立，缠绕或攀缘别的植物或支持物，向上生长。藤本植物可分为木质藤本和草质藤本。

灌木植物一般没有明显的主干，比较矮小，不会超过 6 米。灌木植物对环境的适应性强，适合用于道路、公园、河堤等处的绿化栽植。

乔木植物的树干和树冠有明显的区分，其主干高大直立，高度一般在 6 米以上，可分为落叶乔木和常绿乔木。

按观赏部位

根据可供观赏部位的不同，植物可分为观花植物、观叶植物、观果植物和观茎植物。

观花植物是以观赏花朵为主的植物，它们一般花朵较大，花色艳丽，花形较特别，常见的有水仙、迎春花、月季花、夹竹桃、菊花等。

观叶植物的叶片形状和颜色都比较美丽，如鹅掌藤、福禄桐、椒草、变叶木、朱蕉、红背桂等。

观果植物主要以果实为观赏对象，如石榴、柿子、枸骨、冬珊瑚等，其果实有的色彩鲜艳，有的果形奇特。

观茎植物以茎和枝干为主要观赏对象，它们一般株型美观，树型多样，色彩丰富，以红瑞木为例，其枝干落叶后红艳如珊瑚。常见的观茎植物有紫薇、红瑞木、金丝垂柳等。

按生态习性

植物按照生态习性的不同，可分为喜光植物、喜阴植物、耐干旱植物、耐盐碱植物等。

喜光植物在阳光比较充足的环境里才能正常生长或生长良好，在荫蔽的环境中生长不正常，甚至死亡，如半支莲、翠菊、扶桑、佛手掌、虎刺梅等。

喜阴植物在适度荫蔽的环境里才能良好生长，生长季节要求的环境较湿润，如一叶兰、玉簪、鹅掌柴等。

耐干旱植物可以忍受长时间没有水的环境，如马尾松、乌桕、胡杨、白刺等。

耐盐碱植物一般植株矮小，干硬，叶片不发达。构树、臭椿、榆树、栾树、泡桐、刺槐、枣树、桑树等均属于这一类。

植物的器官

根

根一般是指植物的地下部分，是植物的营养器官，根具有吸收土壤里面的水分，溶解其中的无机盐，以及支持、繁殖、贮存合成有机物质的作用，此外，一些植物的根还具有营养繁殖的作用。根据发生的部位，根可以分成主根、侧根和不定根三种。植物地下部分所有根的总和叫做根系，它包括直根系和须根系两种。

茎

茎是植物体的中轴部分，直立或匍匐的状态，上面生有花、叶、果实，茎上生有分枝。茎具有输导水分、营养物质以及支持花、叶、果实在一定空间的作用，而有些植物的茎还有光合作用、贮藏营养物质或繁殖的功能。大多数种子植物的茎的形状为圆柱形，此外，唇形科植物的茎为方柱形，莎草科植物的茎为三角柱形，而一些仙人掌科植物的茎为多角柱形或扁圆形。

叶

叶是维管植物的营养器官之一，具有进行光合作用、制造养料、进行气体交换和水分蒸腾的作用。叶一般在茎节处着生，枝或芽的外侧，绿色，片状，叶也可分单叶和复叶。从外表来看，叶主要由叶片、叶柄和托叶三部分组成，叶柄上端支持着叶片，下端和茎节相连接，托叶则在叶柄基部两侧或叶腋着生。

花

花是植物的繁殖器官，在同一株植物上着生的花的组合称为花序，在最外层的一轮花萼片一般为绿色，也有些植物的花萼呈花瓣状。花冠由花瓣组成，位于花萼的内轮，其颜色能起到吸引昆虫授粉的作用。根据花朵的数量，可分为单生和簇生，也可根据雌、雄蕊是否在同一株植物上，分为两性花和单性花。

果实

果实一般包括果皮和种子两部分，种子具有传播和繁殖的作用。根据果实来源，可将其分为单果、聚合果和复果三大类。单果指的是由一朵花的单雌蕊或复雌蕊的子房发育而成的果实，如桃子、向日葵等；聚合果是指由一朵花内数个离生雌蕊（心皮）发育而成的果实，如草莓等；复果是指由整个花序发育而成的果实，如无花果、桑葚等。

种子

种子是裸子植物和被子植物特有的繁殖体，具有延续物种的重要作用，一般由种皮、胚和胚乳三部分组成。种子的颜色和形状由于种类的不同，也会有所不同：椰子的种子很大，芝麻的种子较小，蚕豆为肾脏形，桂圆为圆球状。种子和人类生活的关系很紧密，许多种子可以食用，如大米、小麦等，一些调味料、饮料等也来自种子。

植物的价值

观赏价值

观赏植物最直接的价值是它的美化价值，具体体现在植物的茎、花、叶、果实等方面。不同的植物花色不同，植物花朵的颜色有红、白、蓝、紫等色，构成了万紫千红的世界，唤起人的美感，能给人以视觉上的无限享受。

观茎植物有红瑞木、黄枝槐、金丝垂柳、白柳、白皮松、紫竹、红桦和大量竹类。红色的花有桃花、玫瑰等，黄色的花有万寿菊、迎春花等，白色的花有荷花、白玉兰等，紫色的花有紫荆、紫薇等。叶片的颜色多为绿色，有些也会随着季节的变化而变化。而一些彩叶植物如变叶木、彩叶芋等具有很高的观赏价值。常见的果实颜色有红、黄、蓝、紫、黑等色，如枸杞、山楂、紫珠等。由于植物的茎、花、叶、果实等具有观赏价值，因此可以用于园林、景区等处的绿化和美化。

食用价值

很多植物都具有食用价值。在粮食作物方面，有小麦、玉米、稻米、大麦、高粱等；蔬菜方面，常见的有西红柿、黄瓜、辣椒、白菜、萝卜、冬瓜、葫芦、菠菜等；常见的水果有桃、杏、梨、苹果、杨梅、猕猴桃、香蕉、西瓜、哈密瓜、葡萄等。一些野菜也可以采摘食用，如灰灰菜、苋菜、荠菜等，而一些植物的嫩叶和花如榆树叶、香椿芽、槐花等也可以食用。

药用价值

植物不仅可以供人欣赏，许多植物还都是名贵的药材，其根、根茎、皮、叶片、花、果实、种子或全草可入药。中国的药用植物资源很丰富，很久以前，人们便开始了对药用植物的发现、使用和栽培。夏枯草、益母草等植物可全草入药；人参、曼陀罗、桔梗、满山红等植物可部分入药；茜草科植物金鸡纳树及其同属植物树皮中的生物碱经过提炼可以入药。杜仲、人参、银杏等，是我国特有的药用植物。

经济价值

一些植物由于具有较高的观赏性，而常用于公园、景区、道路旁等处的绿化栽植，其苗木市场需求量大，如小叶女贞、红叶石楠、樱花、红瑞木、黄杨等。一些花卉的生产栽培有较高的市场需求，可出口到国外，如百合、菊花、玫瑰、康乃馨等。这些都体现了植物所具有的经济价值。除此之外，植物的经济价值还体现在食品、医药、纺织、工业、石油、造纸等各个方面。

油脂是人们日常生活的必需品，也是重要的工业原料，很多植物的种子和种仁都含有油脂，如山鸡椒、高山木姜子、钝叶木姜子、川钓樟、三桠乌药、油樟、盐肤木、油桐等。

兰香草、野薄荷、各种小叶型杜鹃以及各种樟科植物的根、树干、叶和果实内均含有精油，而精油是医药、食品、饮料等行业的重要原料。

黄山药、魔芋、黄精等植物的果实、根茎、块茎、鳞茎内均含淀粉或胶质淀粉，可广泛应用于纺织、医药、食品、石油等方面。

箭竹、黄茅、野青茅、芸香草、水蜡烛、野葛、冬葵、珍珠莲、构树等纤维植物和人们的生活联系紧密，是纺织和造纸工业的重要原料。

第一章

草本植物

草本植物具有植株较柔软、茎多汁的特点。一年生草本植物有牵牛花、诸葛菜等，它们当年开花，结种子，然后枯死。二年生草本植物有紫罗兰、瓜叶菊等，其生长时间相对较长。多年生草本植物有君子兰、菊花、石竹等。小麦、玉米、粟米、大麦等粮食都是草本植物，此外，草本植物还是中药材的重要来源。

孔雀草

别名： 小万寿菊、西番菊、红黄草、缎子花

科属： 菊科万寿菊属

分布： 全国各地

形态特征

➲ 一年生草本植物。植株高 30 ~ 100 厘米；茎直立，一般情况下在基部开始分枝，且分枝斜着展开；叶长 2 ~ 9 厘米，宽 1.5 ~ 3 厘米，羽状分裂，裂片呈线状披针形，边缘有锯齿，锯齿顶端有长细芒，锯齿基部一般有 1 个腺体；舌状花金黄色或橙色，上面常带有红色的斑点；管状花长 10 ~ 14 毫米，花冠为黄色，有 5 个齿裂；头状花序，单生，直径 3.5 ~ 4 厘米，花序梗长 5 ~ 6.5 厘米，顶端变粗；瘦果黑色；花期 7 ~ 9 月。

生长环境

➲ 常生于海拔 750 ~ 1600 米的树林中及山坡和草地上，庭院中常见有栽培。孔雀草喜阳光，但在半阴的环境下也可以开花，对土壤要求不严。

繁殖方式

➲ 播种。

应用价值

➲ 全草可入药，具有清热解毒、止咳化痰、补血通经的功效，对风热感冒、百日咳、牙痛、腮腺炎等症有辅助治疗的作用。

园林绿化

➲ 孔雀草的花朵颜色亮丽，金黄色或橙色都非常醒目，且其对环境的适应性较强，加之生长迅速，所以逐渐成为庭院及花坛的主体花卉。

头状花序，单生

花序梗长 5 ~ 6.5 厘米，顶端变粗

青蒿

别名： 草蒿、廪蒿、邪蒿、香蒿、苦蒿

科属： 菊科蒿属

分布： 全国大部分地区

形态特征

一年生草本植物。直立的茎单生，圆柱形，高 30 ~ 150 厘米，上部的分枝较多，有纵纹；叶片互生，青绿色或淡绿色，基生叶和茎下部的叶片三回栉齿状羽状分裂；中部叶为长圆形或椭圆形等，二回栉齿状羽状分裂，每侧有 4 ~ 6 枚长圆形的裂片；头状花序，呈半球形或近半球形，在分枝上成穗状花序式的总状花序，在茎上组成开展的圆锥花序；花朵淡黄色；瘦果长圆形或椭圆形；花果期 6 ~ 9 月。

生长环境

多分散生长在海拔 50 ~ 300 米的低山丘陵地带的溪边、坡地、林下、道路旁等。青蒿喜欢光照充足、湿润的环境，不耐干旱，不耐水渍。

繁殖方式

播种、分株。

应用价值

全草可入药，具有清热凉血、解暑截疟、祛风止痒等功效，对咽喉肿痛、阴虚潮热、骨蒸劳热、寒热发渴、疟疾、湿热黄疸等症有辅助治疗的作用。

园林绿化

青蒿的适应性较强，可用于公园、荒地、林下、道路旁、庭院等处的绿化栽植。

叶片互生，青绿色或淡绿色

直立的茎单生，圆柱形，高 30 ~ 150 厘米

松果菊

别名： 紫锥菊、紫锥花、紫松果菊

科属： 菊科松果菊属

分布： 山西、陕西、河北、青海、甘肃、内蒙古、新疆

形态特征

➲ 多年生草本植物。高 50 ~ 150 厘米，全株有粗毛，茎直立；基生叶卵形或三角形，茎生叶卵状披针形，叶柄基部略抱茎；头状花序，单生或多数聚生于枝顶，花大，直径可达 10 厘米；花的中心部位凸起，呈球形，球上为管状花，橙黄色，外围为舌状花，紫红色、红色、粉红色等；种子浅褐色，外皮硬。

生长环境

➲ 喜欢光照充足、温暖的气候条件，性强健，耐寒，耐干旱，对土壤的要求不严，在深厚、肥沃、富含腐殖质的土壤中生长。

繁殖方式

➲ 播种、扦插、分株。

应用价值

➲ 松果菊可供药用，含有多种活性成分，可以刺激人体内的白细胞等免疫细胞的活力，具有增强免疫力的功效，还可以用于辅助治疗感冒、咳嗽及上呼吸道感染。松果菊还可作切花的材料。

园林绿化

➲ 松果菊花朵大型、花色艳丽、外形美观，具有很高的观赏价值，可以作为花境、花坛、坡地的材料，也可作盆栽摆放于庭院、公园和街道绿化等处。

基生叶卵形或三角形，茎生叶卵状披针形

管状花橙黄色，舌状花紫红色等

百日菊

别名：百日草、对叶菊、步步高、火球花

科属：菊科百日菊属

分布：全国各地

形态特征

一年生草本植物。直立的茎高 30 ~ 100 厘米；叶片长圆状椭圆形或宽卵圆形，下面密被糙毛；头状花序，在枝端单生，总苞宽钟状；总苞片卵状椭圆形或宽卵形；舌状花有白、深红、紫堇、玫瑰等色，舌片倒卵圆形，前端有 2 ~ 3 个齿裂或全缘，下面被长的柔毛；管状花有橙色或黄色，前端裂片卵状披针形；雌花瘦果倒卵状圆形，管状花瘦果倒卵状楔形；花期 6 ~ 9 月，果期 7 ~ 10 月。

生长环境

百日菊喜欢温暖、光照充足的环境，生性强健，耐干旱和瘠薄，不耐寒，生长适温 15℃ ~ 30℃，适合在肥沃、土层深厚的土壤中生长。

繁殖方式

播种。

应用价值

全草可入药，具有清热、解毒、利湿等功效，对感冒发热、风火牙痛、口腔炎、痢疾、淋症等症有辅助治疗的作用。

园林绿化

百日菊适应性较强，株型美观，花朵大而鲜艳，花期较长，可用于公园、花园、花坛、花境、花带、庭院等处的绿化栽植，也可作盆栽观赏。

叶片长圆状椭圆形或宽卵圆形

头状花序在枝端单生，舌状花白、深红、玫瑰等色

金盏菊

别名： 金盏花、常春花、黄金盏、长生菊、醒酒花

科属： 菊科金盏菊属

分布： 全国各地

形态特征

➲ 一年生或二年生草本植物。植株高 30 ～ 60 厘米，被有白色茸毛；单叶互生，叶片椭圆形或椭圆状倒卵形，全缘，基生叶有叶柄，上部叶基抱茎；头状花序，花单生在茎的顶端，花朵大，直径 4 ～ 6 厘米，舌状花有金黄色或橘红色，一轮或多轮展开，筒状花有黄色或褐色；花有重瓣、卷瓣、深紫色花心等品种；瘦果船形或爪形；花期 4 ～ 9 月，果期 6 ～ 10 月。

生长环境

➲ 金盏菊喜欢光照充足的环境，适应性较强，耐瘠薄、干旱和阴凉，对土壤要求不严，适合在干旱、疏松、肥沃的土壤中生长。

繁殖方式

➲ 播种、扦插。

应用价值

➲ 金盏菊的花瓣和叶片均可食用，或点缀菜肴。花瓣和叶片具有抗菌、消炎、清热凉血、止血的功效，对青春痘和痤疮有辅助治疗的作用。

园林绿化

➲ 金盏菊具有抵抗二氧化硫、氰化物和硫化氢的能力，抗污性和适应性较强，花朵大，适合在花园、花坛、花带和广场、道路旁和草地边缘的绿化栽植，也可作盆栽。

植株高 30 ～ 60 厘米，被白色茸毛

单叶互生，叶片椭圆形或椭圆状倒卵形

舌状花有金黄色或橘红色

头状花序，花单生在茎的顶端

花朵大，直径 4 ~ 6 厘米

波斯菊

别名： 大波斯菊、秋英

科属： 菊科秋英属

分布： 全国各地

形态特征

一年生草本植物。植株高 1 ~ 2 米；根为纺锤状，须根较多，或者在近茎基部生有不定根；茎稍被有柔毛或没有毛；叶的裂片线形或丝状线形；头状花序，单生，直径 3 ~ 6 厘米；淡绿色的总苞片近革质，有深紫色的条纹，外层披针形或线状披针形；舌状花有粉红色、紫色或白色；舌片椭圆状倒卵形，有 3 ~ 5 枚钝齿；黄色的管状花管部较短，裂片披针状；瘦果黑紫色；花期 6 ~ 8 月，果期 9 ~ 10 月。

生长环境

多生长在海拔 2700 米以下的道路旁、田埂、溪岸等地，喜欢光照充足的环境，忌炎热和积水，适合在疏松、肥沃、排水良好的土壤中生长。

繁殖方式

播种。

应用价值

全草可入药，具有清热解毒、明目化湿的功效，对急性、慢性、细菌性痢疾和目赤肿痛等症有辅助治疗的作用。重瓣品种可用于切花。

园林绿化

波斯菊耐贫瘠，株型高大，花色较多，可用于公园、花园、草地边缘、道路旁、小区旁的绿化栽植，也可用于布置花境。

舌状花有粉红色、紫色或白色，舌片椭圆状倒卵形

头状花序，单生，直径 3 ~ 6 厘米

剑叶金鸡菊

别名： 狭叶金鸡菊、大金鸡菊

科属： 菊科金鸡菊属

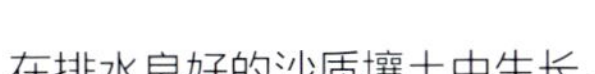

分布： 全国各地

形态特征

● 多年生草本植物。植株高 30 ~ 70 厘米，根纺锤状；直立的茎上部有分枝；叶片匙形或线状倒披针形，在茎的基部成对簇生，基部楔形，顶端较钝或呈圆形，生有长长的叶柄；茎上部的叶片较少，全缘或三深裂；上部叶片线形或线状披针形；头状花序，在茎的端部单生；总苞片披针形，顶端较尖。内外层差不多等长；舌状花黄色，舌片倒卵形或楔形；管状花狭钟形；瘦果椭圆形或圆形；花期 5 ~ 9 月。

生长环境

● 剑叶金鸡菊喜欢光照充足的环境，对环境的适应性强，耐寒冷和干旱，对土壤要求不严，适合在排水良好的沙质壤土中生长。

繁殖方式

● 播种、分株、扦插。

应用价值

● 全草可入药，具有清热解毒和降压等功效。花可提制水溶性黄色素，用作饮料等食品的着色。其花朵也可作切花材料。

园林绿化

● 剑叶金鸡菊生长健壮，培植较容易，叶片长绿，花期长，花朵鲜艳，可用于公园、花园、庭院、花境、草地边缘、坡地和地被的绿化栽植。

头状花序，在茎的端部单生

舌状花黄色，舌片倒卵形或楔形

菊花

别名： 寿客、金英、黄华、女华、秋菊、陶菊

科属： 菊科菊属

分布： 全国各地

形态特征

➲ 多年生草本植物。植株高 60 ~ 150 厘米；直立的茎被柔毛，分枝或不分枝；叶片卵形或披针形，互生，羽状浅裂或半裂，下面被白色柔毛，边缘有粗锯齿或深裂；头状花序，单生或多个集生在茎枝的顶端，形状有单瓣、匙瓣等；总苞片有许多层，绿色的外层条形；舌状花有红色、黄色或紫色；花朵有红色、黄色、橙色、紫色等；花期 9 ~ 11 月。

生长环境

➲ 菊花喜欢光照充足的环境，适应性强，生长适温 18℃ ~ 21℃，适合在土层深厚、富含腐殖质、排水良好的沙质壤土中生长。

繁殖方式

➲ 播种、扦插、压条、分株、嫁接。

应用价值

➲ 菊花可制成菊花茶，也可做成精美的菜肴。菊花可入药，具有疏风、平肝明目、散风清热等功效，对于风热感冒、头痛和目赤肿痛等症有辅助治疗的作用。也可制成菊花护膝等。

园林绿化

➲ 菊花生长旺盛，萌发力较强，花朵硕大，花色艳丽，造型多变，花期较长，可用于公园、花境、花坛、花丛、地被和草地边缘等处的绿化栽植。

舌状花有红色、黄色或紫色

花朵有红色、黄色、橙色、紫色等

叶片卵形或披针形，互生

植株高 60 ~ 150 厘米，茎被柔毛

头状花序，单生或多个集生在茎枝的顶端

大丽花

别名： 大理花、大丽菊、天竺牡丹、东洋菊、地瓜花

科属： 菊科大丽花属

分布： 全国各地

形态特征

多年生草本植物。直立的茎粗壮，高 1.5 ~ 2 米，分枝较多；叶片为 1 ~ 3 回羽状全裂，裂片卵形或长圆状卵形，上部的叶片有时没有分裂，下面灰绿色；头状花序，花朵较大，经常下垂，有长花序梗；总苞片外层约有 5 枚，叶质，卵状椭圆形，内层椭圆状披针形；舌状花有一层，多为卵形，白色、紫色或红色，全缘或顶端有 3 个齿；管状花黄色；黑色的瘦果长圆形，有两个齿；花期 6 ~ 12 月，果期 9 ~ 10 月。

生长环境

大丽花喜欢温暖湿润、光照充足的环境，适应性强，生长适温 10℃ ~ 25℃，适合在疏松、肥沃、排水良好的沙质壤土中生长。

繁殖方式

播种、分株和扦插。

应用价值

大丽花可入药，具有活血化瘀的功效，对跌打损伤有辅助治疗的作用。大丽花属世界名花，可以家庭栽种，既能美化环境，又能带来一定的经济效益。

园林绿化

大丽花的花期长，花朵繁盛，花径较大，可用于花园、公园、花坛、花径或庭前的绿化栽植，其矮生品种可作盆栽观赏。

头状花序，花朵较大，经常下垂

舌状花有一层，多为卵形，白色、紫色或红色

万寿菊

别名： 金菊花、臭芙蓉、万寿灯、蜂窝菊、蝎子菊

科属： 菊科万寿菊属

分布： 全国各地

形态特征

一年生草本植物。植株高 50 ~ 150 厘米；粗壮的茎直立，有纵细的条棱；叶片羽状分裂，裂片披针形或长椭圆形，边缘生有锯齿；头状花序，单生；花序梗顶端膨大；杯状的总苞长 1.8 ~ 2 厘米，宽 1 ~ 1.5 厘米，顶端有齿尖；舌状花有黄色或暗橙色，舌片倒卵形，基部缩成长爪；管状花花冠黄色，顶端有 5 枚齿裂；瘦果黑色或褐色，线形；花期 7 ~ 9 月。

生长环境

多生长在路边草甸。万寿菊喜欢温暖、光照充足的环境，耐寒，耐干旱，对土壤要求不严，适合在富含腐殖质、排水良好的沙质壤土中生长。

繁殖方式

播种、扦插。

应用价值

万寿菊的根、叶、花和花序均可入药，具有清热、解毒、消肿、平肝解热、祛风化痰等功效，对百日咳、支气管炎、咽炎、口腔炎、腮腺炎、痈疮肿毒、头晕目眩等症有辅助治疗的作用。

园林绿化

万寿菊耐干旱，生长迅速，栽培容易，花朵较大，花色鲜艳，花期长，可用于庭院、花坛、道路旁、花园、花境、公园等地的绿化栽植。

头状花序，单生，花序梗顶端膨大

叶片羽状分裂，边缘生有锯齿

向日葵

别名： 葵花、朝阳花、转日莲、太阳花、向阳花、望日莲

科属： 菊科向日葵属

分布： 东北、西北和华北地区

形态特征

一年生草本植物。植株高 1 ~ 3.5 米；粗壮的茎直立，圆形，被白色的硬毛；叶片心状卵形或卵圆形，多为互生，前端尖锐或渐尖，边缘有粗锯齿；叶柄较长；头状花序，单生在茎顶或枝端，极大，直径 10 ~ 30 厘米，一般向下倾；叶质，总苞片多层，覆瓦状排列；花序边缘的舌状花黄色；管状花紫色或棕色；瘦果灰色或黑色，卵状长圆形或倒卵形；果期 8 ~ 9 月。

生长环境

向日葵喜欢温暖、光照充足的环境，生长适温 15℃ ~ 30℃，耐盐碱能力较强，在肥沃、瘠薄或干旱的土壤中均可生长。

繁殖方式

播种。

应用价值

向日葵的种子可制作成葵花籽食用，也可榨成葵花籽油。种子、花盘、茎叶、根、花等均可入药，具有疏风清热、清肝明目、降血压、凉血止血等功效，对头痛、头晕、高血压等症有辅助治疗的作用。

园林绿化

向日葵的植株健壮，花朵硕大，花色鲜艳夺目，可用于花园、公园、庭院等处的绿化栽植，观赏种植株较矮小，可作盆栽。

花序边缘的舌状花黄色

植株高 1 ~ 3.5 米，粗壮的茎直立

叶片心状卵形或卵圆形，多为互生

叶质，总苞片多层，覆瓦状排列

头状花序，单生在茎顶或枝端，直径 10 ~ 30 厘米

蒲公英

别名： 蒲公草、食用蒲公英、婆婆丁、尿床草

科属： 菊科蒲公英属

分布： 全国大部分地区

形态特征

多年生草本植物。根稍呈圆锥状，头部有棕色或黄白色的茸毛；叶片倒卵状披针形、倒披针形或长圆状披针形，边缘有波状的齿或羽状的深裂，裂片三角形或三角状戟形；花葶一个或多个，上部紫红色，被白色的长柔毛；头状花序，淡绿色的总苞钟状，总苞片 2 ~ 3 层；舌状花黄色，边缘花舌片背面有紫红色的条纹；瘦果暗褐色，倒卵状披针形，上部生有小刺；花期 4 ~ 9 月，果期 5 ~ 10 月。

生长环境

多生长在中、低海拔地区的山坡、草地、田野和河滩等处。蒲公英喜欢阴凉的环境，生长适温 10℃ ~ 20℃，适合在疏松、肥沃、富含有机质的土壤中生长。

繁殖方式

播种。

应用价值

蒲公英的叶子和花蕾可生吃、炒食或做汤食用。蒲公英可入药，具有利尿、利胆、缓泻、退黄疸等功效，对热毒、痈肿、目赤肿痛、湿热黄疸、感冒发热等症有辅助治疗的作用。

园林绿化

蒲公英耐寒、耐热、抗涝能力较强，可用于公园、绿化带、道路旁、地被、草坪等处的绿化栽植。

舌状花黄色，边缘花舌片背面有紫红色的条纹

冠毛白色，结成绒球状

苋菜

别名： 雁来红、老来少、三色苋、青香苋、红苋菜、红菜

科属： 苋科苋属

分布： 全国各地

形态特征

➲ 一年生草本植物。茎绿色或红色，较粗壮，一般有分枝；叶片长 4 ~ 10 厘米，宽 2 ~ 7 厘米，卵形、披针形或菱状卵形，绿色、红色、紫色等，顶端圆钝或有凸尖，全缘或波状缘；叶柄绿色或红色；花簇腋生，或同时有顶生的花簇，穗状花序，下垂，球形花簇的直径为 5 ~ 15 毫米；苞片和小苞片卵状披针形，背面有一条隆起的中脉，绿色或红色；花被片呈矩圆形，绿色或黄绿色；胞果矩圆形；花期 5 ~ 8 月，果期 7 ~ 9 月。

生长环境

➲ 苋菜喜欢温暖、湿润的环境，生长适温 23℃ ~ 27℃，对土壤要求不严，适合在疏松、肥沃、保肥、保水性能好的土壤中生长。

繁殖方式

➲ 播种。

应用价值

➲ 苋菜的茎和叶可以作为蔬菜食用。其根、果实和全草均可入药，具有清热、明目、利大小便、去寒热、补气、利大小肠等功效，有助于减肥、排毒和预防便秘。

园林绿化

➲ 苋菜的红叶品种和彩叶品种有很好的观赏价值，可与其他植物配植于花坛、花境、庭院等处。

叶片的颜色为绿色、红色或紫色等

叶片卵形、披针形或菱状卵形

鸡冠花

别名：鸡髻花、老来红、凤尾鸡冠、大鸡公花、鸡角根、红鸡冠

科属：苋科青葙属

分布：全国各地

形态特征

➲ 一年生直立草本植物。植株高 30 ~ 80 厘米；茎粗壮，分枝较少，绿色或稍带一些红色，有细密的棱纹，近上部扁平；单叶互生，卵形、卵状披针形或披针形，长 5 ~ 13 厘米，绿色或紫红色，全缘；多花密生，成扁平肉质鸡冠状、卷冠状或羽毛状的穗状花序；花被片颜色丰富，有红色、橙色、紫色或黄色等，干膜质，宿存；胞果呈卵形，熟时开裂，包在宿存的花被内；黑色的种子肾形，有光泽；花果期 7 ~ 9 月。

生长环境

➲ 鸡冠花喜欢光照充足、温暖干燥的气候，怕干旱，不耐涝，对土壤要求不严，适合在疏松、肥沃和排水良好的土壤中生长。

繁殖方式

➲ 播种。

应用价值

➲ 鸡冠花具有疏风散热、凉血止血的功效，对痔漏下血、吐血咯血、经水不止、白带等症有辅助治疗的作用。鸡冠花还可用于切花、干花等。

园林绿化

➲ 鸡冠花的适应性较强，花色鲜艳，可用于花园、花境、花坛、树丛外缘、庭院、厂区、矿区、道路旁等处的绿化栽植。

扁平鸡冠状、卷冠状或羽毛状的穗状花序

茎粗壮，绿色或稍带一些红色

千日红

别名： 百日红、火球花

科属： 苋科千日红属

分布： 全国各地

形态特征

➲ 一年生直立草本。植株高 20 ~ 60 厘米，茎有稍成四棱形的分枝，被灰色的糙毛；纸质的叶片长椭圆形或矩圆状倒卵形，长 3.5 ~ 13 厘米，宽 1.5 ~ 5 厘米，前端圆钝或变得尖锐，边缘波状；叶柄有灰色的柔毛；花呈顶生球形，或呈矩圆形的头状花序，单朵或 2 ~ 3 朵，多为紫红色；苞片卵形，顶端为紫红色；小苞片三角状披针形，长 1 ~ 1.2 厘米；花被片披针形，顶端渐尖；胞果近球形，直径 2 ~ 2.5 毫米；花果期 6 ~ 9 月。

生长环境

➲ 千日红生性强健，耐干旱，喜欢光照充足、干燥炎热的环境，生长适温 20℃ ~ 25℃，对土壤要求不严，适合在疏松、肥沃的土壤中生长。

繁殖方式

➲ 播种。

应用价值

➲ 千日红的花序可入药，具有平肝明目、止咳祛痰、定喘等功效，对百日咳、支气管哮喘以及急性、慢性支气管炎等症有辅助治疗的作用。

园林绿化

➲ 千日红的花色鲜艳，花期较长，可用于道路旁、公园、花园、花坛、花境、庭院栽植，还可用作盆栽等。

花单朵或 2 ~ 3 朵，多为紫红色

植株高 20 ~ 60 厘米

荠菜

别名： 荠荠菜、护生草、地菜、小鸡草、地米菜

科属： 十字花科荠属

分布： 全国各地

形态特征

一年生或二年生草本植物。植株高 10 ～ 50 厘米；茎黄绿色，直立，基生叶丛生，莲座状，顶裂片卵形或长圆形，侧裂片有 3 ～ 8 对，长圆形或卵形，顶端渐尖锐，浅裂或有粗锯齿；茎生叶呈窄披针形或披针形，边缘生有缺刻或锯齿；总状花序，顶生或腋生；长圆形的萼片长 1.5 ～ 2 毫米；白色的花瓣卵形，有短爪；短角果扁平，倒三角形或倒心状三角形；果梗长 5 ～ 15 毫米；种子浅褐色；花果期 4 ～ 6 月。

生长环境

多生长在山坡、田边和道路旁。荠菜性喜温暖和光照充足的环境，需要充足的水分，生长适温 12℃ ~ 20℃，适合在疏松、肥沃的黏质土壤中生长。

繁殖方式

播种。

应用价值

荠菜的营养价值很高，柔嫩鲜香，可用于凉拌、炒菜、包饺子、包馄饨等。荠菜全草可入药，具有清热、利水、消肿、明目等功效，对水肿、目赤肿痛、便血等症有辅助治疗的作用。

园林绿化

荠菜的生命力顽强，生长期短，叶色翠绿，可用于道路旁、公园、花园、庭院以及地被栽植等。

总状花序，顶生或腋生，白色的花瓣卵形

茎黄绿色，直立

诸葛菜

别名：菜子花 、二月蓝、二月兰、紫金草

科属：十字花科诸葛菜属

分布：东北、华北及华东地区

形态特征

一年或二年生草本植物。植株高 10 ~ 50 厘米；直立的茎浅绿色或带紫色，基部或上部略有分枝；基生叶和下部的茎生叶大头羽状全裂，顶裂片近圆形或短卵形，侧裂片卵形或三角状卵形，全缘或呈牙齿状；上部的叶片长圆形或窄卵形，边缘呈牙齿状；花紫色或浅红色等；紫色的花萼筒状；宽倒卵形的花瓣密生有较细的脉纹；线形的长角果长 7 ~ 10 厘米，有 4 条棱；花期 4 ~ 5 月，果期 5 ~ 6 月。

生长环境

多生长在平原、山地、道路旁和田地边。诸葛菜喜欢光照充足、湿润的环境，对土壤要求不严，适合在肥沃的中性或弱碱性土壤中生长。

繁殖方式

播种。

应用价值

诸葛菜的嫩茎和叶营养丰富，可以作蔬菜食用。其种子可用于榨油，所含的亚油酸有软化血管、降低人体内血清胆固醇和甘油三酯的功效。

园林绿化

诸葛菜的生命力顽强，花朵柔美，花期较长，冬季时绿叶仍然翠绿，可用于公园、草坪、林下地被、花径、花坛、坡地、道路两侧等处的绿化栽植。

花紫色或浅红色等

宽倒卵形的花瓣生有较细的脉纹

紫罗兰

别名： 草桂花、四桃克、草紫罗兰

科属： 十字花科紫罗兰属

分布： 全国各地

形态特征

➲ 二年生或多年生草本植物。植株高 60 厘米左右，密被有灰白色的柔毛；茎直立，分枝较多；叶片长圆形或倒披针形等，全缘，有时呈微波状；总状花序，顶生或腋生；花朵较大，数量较多；直立的花萼片长椭圆形，内轮萼片的基部呈囊状，边缘膜质；花瓣近卵形，白色、紫红色或淡红色，顶端浅 2 裂或稍微内凹，边缘呈波状，下部有长爪；长角果圆柱形，顶端浅裂；花期 4 ~ 5 月。

生长环境

➲ 紫罗兰喜欢冷凉和通风良好的环境，不耐炎热，生长适温 15℃ ~ 18℃，对土壤要求不严，适合在排水良好、中性偏碱的土壤中生长。

繁殖方式

➲ 播种。

应用价值

➲ 紫罗兰可作茶饮，具有清热解毒、祛斑美白、滋润皮肤、清除口腔异味等功效，对支气管炎有辅助治疗的作用。紫罗兰可作冬、春两季的切花，经济价值较高。

园林绿化

➲ 紫罗兰的花朵繁盛、美艳，花香浓郁扑鼻，花期较长，可用于花园、公园、花坛、花境等处的绿化栽植，也可作盆栽观赏。

总状花序，顶生或腋生，花朵较大

花瓣近卵形，白色、紫红色或淡红色

鹤顶兰

别名： 大白芨、猴兰、鹤兰、千鹤兰、红鹤兰等

科属： 兰科鹤顶兰属

分布： 福建、广东、香港、海南、广西、云南

形态特征

多年生草本植物。植株高大；圆锥形的假鳞茎长约 6 厘米，基部被鞘；叶片互生，长圆状披针形，有 2 ~ 6 枚，着生在假鳞茎的上部；直立的花葶圆柱形，从假鳞茎基部或叶腋生出，长达 1 米，生有几枚大型的鳞片状鞘；总状花序，花较多；花朵大，背面白色，内面棕色或暗赭色；花瓣长圆形，前端尖锐或稍钝，有 7 条脉；花期 3 ~ 6 月。

生长环境

多生长在海拔 700 ~ 1800 米的林缘和溪边阴湿处。鹤顶兰性喜温暖、光照充足的环境，不耐干旱，生长适温 18℃ ~ 25℃，适合在疏松、肥沃、排水良好的微酸性土壤中生长。

繁殖方式

分株。

应用价值

鹤顶兰的假鳞茎可以入药，具有活血止血、止咳祛痰等功效，对咳嗽痰多、咯血、乳腺炎、跌打损伤、外伤出血等症有辅助治疗的作用。鹤顶兰可作切花材料。

园林绿化

鹤顶兰的株型较大，生长茂盛，花朵芳香，花期较长，可用于花园、公园、花坛、庭院等地的绿化栽植，也可作盆栽观赏。

总状花序，花朵大，花瓣长圆形

花葶圆柱形，从假鳞茎基部或叶腋生出

芦苇

别名：苇、芦、芦笋、蒹葭

科属：禾本科芦苇属

分布：全国大部分地区

形态特征

◎ 多年生草本植物。根状茎发达，匍匐，长而粗壮；茎秆直立，高 1 ~ 3 米，有 20 多个节，节下常被白粉；叶片长约 30 厘米，披针状线形，排成两行，顶端渐尖成丝形；叶舌生有毛；大型圆锥花序，顶生，长 20 ~ 40 厘米，分枝稠密，向斜伸展稍下垂，着生有很多白绿色或褐色的小穗；花序最下面的小穗为雄花，剩下的都是两性花；颖果披针形，顶端有宿存的花柱；花期 8 ~ 12 月。

生长环境

◎ 芦苇多生长在水分充足的沟渠旁、河堤沼泽地、池塘边、低湿洼地等处。

繁殖方式

◎ 播种、分株。

应用价值

◎ 芦苇的根状茎、芦花、芦叶均可入药，具有利尿解毒、清热生津、除烦止呕等功效。芦茎、芦根可用于造纸材料。芦叶、芦茎、芦笋、芦根等均可作为优良牧草。芦苇还具有涵养水源、调节气候等生态价值。

园林绿化

◎ 芦苇植株高大，长势强，耐干旱，容易管理，可用于公园湖边、水池边、河堤、河道、假山、沼泽等处的绿化栽植。

茎秆直立，高 1 ~ 3 米，有 20 多个节

叶片长约 30 厘米，披针状线形，排成两行

香蒲

别名： 东方香蒲

科属： 香蒲科香蒲属

分布： 全国大部分地区

形态特征

➲ 多年生水生或沼生草本植物。根状茎乳白色，粗壮的地上茎高 1.3 ~ 2 米，向上逐渐变细；条形的叶片光滑，上部呈扁平状，背面逐渐隆起，呈凸形；叶鞘抱茎；雌雄花序相连接，雄花序长 2.7 ~ 9.2 厘米，花序轴有白色的柔毛，从基部向上有 1 ~ 3 枚叶状的苞片，会在开花后脱落，雌花序长 4.5 ~ 15.2 厘米，基部有 1 枚叶状的苞片；小坚果椭圆形或长椭圆形；花果期 5 ~ 8 月。

生长环境

➲ 多生长在湖泊、池塘、沼泽或河流缓流地区。香蒲喜欢高温、多湿的环境，适宜水深 20 ~ 60 厘米，适合在肥沃、泥层深厚的土壤中生长。

繁殖方式

➲ 播种、分株。

应用价值

➲ 香蒲的幼叶基部和根状茎的前端可作蔬菜食用。香蒲花粉具有活血化瘀、止血镇痛、降低血脂、增强免疫力等功效，对痛经、跌打损伤等症有辅助治疗的作用。

园林绿化

➲ 香蒲的叶片挺直，花序较粗壮，可用于公园水池、湖畔、池塘边、花园、滩涂等处的绿化栽植，也可用作水景的背景材料。

粗壮的地上茎高 1.3 ~ 2 米，向上逐渐变细

条形的叶片光滑，上部呈扁平状

荷花

别名： 莲花、水芙蓉、红蕖、芙蕖、水芝、泽芝、菡萏

科属： 睡莲科莲属

分布： 除西藏和青海外，全国均有分布

形态特征

◉ 多年生水生草本植物。根状茎肥厚，横生；圆形的叶片呈盾状，直径 25 ~ 90 厘米，表面深绿色，全缘稍呈波状，上面有白粉；粗壮的叶柄圆柱形，外面密生有小刺；花单生在花梗的顶端，直径 10 ~ 20 厘米，有单瓣、复瓣、重瓣等花型，花有白色、粉色、深红色等；花托表面有较多蜂窝状孔洞；细长的花丝着生在花托下面；莲子卵形或椭圆形；花期 6 ~ 9 月，果期 8 ~ 10 月。

生长环境

◉ 多生长在湖泊、沼泽、水池、池塘等地。中小株形的荷花适宜水深 20 ~ 60 厘米，喜欢光照充足的环境。

繁殖方式

◉ 播种、分株。

应用价值

◉ 莲藕和莲子可食用，莲花、莲叶可作药膳。荷叶、荷花、莲子、莲衣、莲房、藕节等均可入药，具有清暑利湿、减肥瘦身、解热解毒、活血止血、养心益肾、补脾涩肠等功效。

园林绿化

◉ 荷花亭亭而优雅，叶色翠绿，花香四溢，可用于湖泊、河流、湿地以及花园、公园池塘、水池等处的栽植，也可作荷花主题园栽植或作盆栽。

花单生在花梗顶端，有白色、粉色、深红色等

粗壮的叶柄圆柱形，外面密生有小刺

叶片呈盾状，表面深绿色，全缘稍呈波状

花托表面有较多蜂窝状孔洞

细长的花丝着生在花托下面

睡莲

别名： 子午莲、粉色睡莲、野生睡莲、矮睡莲

科属： 睡莲科睡莲属

分布： 全国各地

形态特征

多年生水生草本植物。根状茎肥厚，横生；细长的叶柄呈圆柱形；叶片表面浓绿色，背面暗紫色，可分浮水叶和沉水叶两种，浮水叶片圆形或卵形，基部有弯缺；沉水叶较脆弱；花朵较大，单生，在水面漂浮或挺出水面；花萼绿色或紫红色，有4枚，披针形、矩圆形等；花瓣多为8枚，白色、蓝色或粉红色；果实卵形或半球形，长约3厘米；盛花期6～8月。

生长环境

多生长在池沼、湖泊、水池等静水水体中。睡莲喜欢光照充足、通风良好的环境，适合在富含有机质的土壤中生长。

繁殖方式

播种、分株。

应用价值

根状茎可食用或酿酒。荷花、荷叶、莲子、莲衣、莲房、莲须、莲子心、荷梗、藕节等均可入药，具有解热解毒、活血止血、清暑利湿、养心益肾、补脾涩肠等功效。

园林绿化

睡莲花色鲜艳，花期较长，可用于湖泊、河流、湿地以及花园、公园池塘、水池栽植，也可作盆栽放在公园、庭院等处观赏。

叶片表面浓绿色，圆形或卵形，基部有弯缺

花朵单生，花瓣多为8枚，白色、蓝色或粉红色等

雨久花

别名： 浮蔷、蓝花菜、雨韭、蓝鸟花

科属： 雨久花科雨久花属

分布： 全国大部分地区

形态特征

➲ 直立水生草本植物。植株光滑；粗壮的根状茎有须根，直立的茎高 30 ~ 70 厘米，基部带一些紫红色；叶片基生和茎生；基生叶长 4 ~ 10 厘米，宽卵状心形，全缘，有多条弧状的脉；茎生叶的叶柄逐渐变短，基部膨大成鞘状；总状花序，顶生，有时成圆锥花序，有 10 余朵花；花冠淡蓝色，花瓣 6 枚，长圆形，长 10 ~ 14 毫米；蒴果长卵圆形；花期 7 ~ 8 月，果期 9 ~ 10 月。

生长环境

➲ 多生长在水塘、沟边、湖沼靠岸的浅水处或稻田中。雨久花喜欢温暖、光照充足的环境，耐寒。

繁殖方式

➲ 播种、分株。

应用价值

➲ 雨久花的嫩茎叶可作蔬菜食用。全草可入药，具有清热、解毒、祛湿消肿、止咳平喘等功效，对高烧咳喘、小儿丹毒等症有辅助治疗的作用。全草也可作家畜饲料。

园林绿化

➲ 雨久花生性强健，叶色翠绿，花朵大而美丽，花期较长，可用于公园、花园、植物园、水池、湖泊等处的绿化栽植，也可作盆栽置于庭院、阳台观赏。

总状花序，顶生，花冠淡蓝色，花瓣 6 枚

叶片基生和茎生，宽卵状心形

凤眼蓝

别名： 凤眼莲、水葫芦、水浮莲、水葫芦苗、浮水莲花

科属： 雨久花科凤眼蓝属

分布： 长江、黄河流域及华南各地

形态特征

➲ 浮水草本植物。发达的须根棕黑色，长达 30 厘米；茎有淡绿色或带紫色的匍匐枝；深绿色的叶片圆形或宽卵形，基部丛生，多为 5 ~ 10 片，莲座状排列；穗状花序，长 17 ~ 20 厘米，一般有 9 ~ 12 朵花；花被裂片 6 枚，紫蓝色的花瓣状卵形或倒卵形，最上面的 1 枚裂片较大，周围呈淡紫红色，蓝色中央有 1 枚黄色的圆斑；蒴果卵形；花期 7 ~ 10 月，果期 8 ~ 11 月。

生长环境

➲ 多生长在海拔 200 ~ 1500 米地区的静水，如水塘、稻田、沟渠等处。喜欢温暖、湿润、光照充足的环境，生长适温 25℃ ~ 35℃。

繁殖方式

➲ 播种、分株。

应用价值

➲ 凤眼蓝的嫩叶和叶柄可作蔬菜食用。全株也可入药，具有清热解暑、利尿消肿、祛风除湿等功效，对感冒发热、肾炎水肿、小便涩痛等症有辅助治疗的作用。全草可作牲畜饲料。

园林绿化

➲ 凤眼蓝的适应性强，繁殖速度快，花朵较大，花期长，可用于花园、公园、池塘、湖泊、沼泽等处的美化栽植。

扁平鸡冠状、卷冠状或羽毛状的穗状花序

深绿色的叶片圆形或宽卵形

千屈菜

别名： 水枝柳、水柳、对叶莲

科属： 千屈菜科千屈菜属

分布： 全国各地

形态特征

多年生草本植物。粗壮的根茎在地面横卧；直立的茎高 30 ~ 100 厘米，分枝较多，青绿色，枝一般有 4 条棱；叶片披针形或阔披针形，对生或三叶轮生，顶端钝形或短而尖；小聚伞花序，簇生；苞片阔披针形或三角状卵形；萼筒长 5 ~ 8 毫米，有 12 条纵棱，6 枚三角形的裂片；花瓣 6 枚，倒披针状长椭圆形，红紫色或淡紫色，有短爪；蒴果扁圆形；花期 6 ~ 9 月。

生长环境

多生长在河岸、溪边、湖畔和潮湿的草地等处。喜欢光照充足、湿润的环境，对土壤要求不严，比较适合在深厚、富含腐殖质的土壤中生长。

繁殖方式

播种、分株、扦插。

应用价值

千屈菜的嫩茎叶可作为蔬菜食用。全草可入药，具有清热、凉血、收敛、止泻等功效，对肠炎、痢疾、便血、疮疡溃烂等症有辅助治疗的作用。

园林绿化

千屈菜株丛整齐，花朵繁茂，花期较长，可用于沼泽、花园和公园里的水塘、水池处的绿化栽植，也可用于花境栽植或盆栽。

直立的茎高 30 ~ 100 厘米，分枝较多，青绿色

花瓣倒披针状长椭圆形，颜色为红紫色或淡紫色

鸢尾

别名： 蓝蝴蝶、紫蝴蝶、扁竹花、乌鸢

科属： 鸢尾科鸢尾属

分布： 中南部地区

形态特征

多年生草本植物。粗壮的根状茎斜向生长；宽剑形的叶片基生，黄绿色，中部稍宽，有几条不明显的纵脉；花茎光滑，顶部一般有 1 ~ 2 个较短的侧枝，中部和下部有 1 ~ 2 枚茎生叶；绿色的苞片草质，有 2 ~ 3 枚，披针形或长卵圆形；蓝紫色的花朵直径约 10 厘米；花被管细而长，上端呈喇叭形；蒴果倒卵形或长椭圆形；花期 4 ~ 5 月，果期 6 ~ 8 月。

生长环境

多生长在海拔 800 ~ 1800 米的坡地、林缘、沼泽、水边湿地等处。鸢尾喜欢光照充足、适度湿润的环境，适合在富含腐殖质、排水良好、略带碱性的黏性土壤中生长。

繁殖方式

播种、分株。

应用价值

鸢尾的根状茎可入药，具有活血祛瘀、祛风利湿、消炎解毒等功效，对跌打损伤、风湿疼痛、咽喉肿痛等症有辅助治疗的作用。花可制成香水，也可作切花。

园林绿化

鸢尾的叶片青翠，花朵较大，花色丰富，可用于公园、花园、花坛、庭院、地被的绿化栽植，也可用作盆栽观赏。

宽剑形的叶片黄绿色，中部有几条不明显的纵脉

花朵蓝紫色，花被管细而长

美女樱

别名：美人樱、草五色梅、铺地马鞭草、四季绣球、铺地锦

科属：马鞭草科马鞭草属

分布：全国各地

形态特征

◎ 多年生草本植物。植株丛生，植株高 30 ~ 50 厘米，有灰色的柔毛；低矮的茎粗壮，丛生，有四棱，基部匍匐在地面；深绿色的叶片对生，有短柄，长圆形、卵圆形或披针状三角形，边缘生有粗齿或圆钝锯齿，叶片基部一般有裂刻；穗状花序，顶生，小花较多，呈伞房状；筒状的花萼细长；花色有白色、紫色、粉红色、蓝色等；花期 5 ~ 11 月，果期 9 ~ 10 月。

生长环境

◎ 喜欢温暖湿润、光照充足的环境，不耐阴，较耐寒，生长适温 5℃ ~ 25℃，对土壤要求不严，适合在疏松、肥沃的中性土壤里生长。

繁殖方式

◎ 播种、扦插、压条。

应用价值

◎ 全草可入药，具有清热凉血的功效，对咽炎、乳腺炎等症有辅助治疗的作用。美女樱还可作切花材料。

园林绿化

◎ 美女樱生长强健，花序多而美丽，花色丰富，适应性强，可用于花园、花坛、花境、地被、道路旁、坡地、庭院以及草坪边缘的绿化栽植等，也可作盆栽或吊盆。

植株丛生，植株高 30 ~ 50 厘米

穗状花序，顶生，花冠漏斗状

深绿色的叶片，长圆形、卵圆形等

紫茉莉

别名： 夜饭花、洗澡花、胭脂花、状元花

科属： 紫茉莉科紫茉莉属

分布： 我国南北各地

形态特征

➲ 一年生草本植物。根为黑色或黑褐色，粗壮，呈圆锥形；茎直立，多分枝，圆柱形；叶片卵形或卵状三角形，顶端渐尖，基部截形或心形，叶脉隆起；花常数朵簇生于茎端；总苞钟形，5裂，裂片呈三角状卵形，有脉纹；花被高脚碟状，5浅裂，颜色为紫红色、白色、黄色或杂色；花丝常伸出花外；瘦果球形，黑色，表面有皱纹；花期6～10月，果期8～11月。

生长环境

➲ 喜欢温和、湿润的气候条件和通风良好的环境，不耐寒，在略微荫蔽处生长良好，现常作观赏花卉，有时也为野生。

繁殖方式

➲ 播种、块根。

应用价值

➲ 紫茉莉的根和叶可供药用，具有清热解毒、活血调经、泻热散瘀等功效，对痈疽发背、妇女红崩、淋浊、急性关节炎、乳腺炎、跌打损伤等症有很好的辅助治疗作用。

园林绿化

➲ 紫茉莉生性强健，易养护，花形美丽，花色丰富，有香气，常作为观赏花卉露地栽种于庭院、花坛，也可作盆栽摆放于廊下、窗边等处。

花被高脚碟状，紫红色、白色、黄色或杂色

叶片卵形或卵状三角形

三色堇

别名： 三色堇菜、蝴蝶花、人面花、猫脸花、鬼脸花

科属： 堇菜科堇菜属

分布： 全国各地

形态特征

多年生草本植物作二年生栽培。全株光滑；茎高 10 ~ 40 厘米，有棱，直立或略倾斜，单一或生有较多的分枝；基生叶的叶片长卵形或披针形，茎生叶的叶片卵形、长圆状圆形或长圆状披针形，基部较圆，边缘生有圆齿或钝锯齿；叶状的托叶较大，羽状深裂；花朵大型，各茎生有 3 ~ 10 朵花，每朵花一般有白、紫、黄三种颜色；绿色的萼片长圆状披针形；蒴果椭圆形；花期 4 ~ 7 月，果期 5 ~ 8 月。

生长环境

三色堇喜欢光照充足的环境，较耐寒，生长适温 15℃ ~ 25℃，喜欢凉爽，适合在排水良好、富含有机质的中性壤土或黏性壤土中生长。

繁殖方式

播种、扦插、分株。

应用价值

全草可入药，具有清热、止咳、解毒、散瘀、利尿等功效，对咳嗽、小儿湿疹、疮疡肿毒等症有辅助治疗的作用。其花具有芳香，可提取香精。

园林绿化

三色堇较耐寒，花色艳丽，花朵较大，花期较长，可用于花园、公园、花坛、花境、草地边缘栽植，还可作盆栽观赏。

花朵大型，各茎生有 3 ~ 10 朵花

每朵花一般有白、紫、黄三种颜色

茎生叶有卵形、长圆状圆形等

芍药

别名：将离、离草、娄尾春、没骨花、红药

科属：毛茛科芍药属

分布：东北、华北、江苏、陕西和甘肃

形态特征

➲ 多年生草本植物。粗壮的肉质块根从根颈下方生出，纺锤形或长柱形；茎高 50 ~ 110 厘米，从根部簇生，茎基部圆柱形，上端生有较多棱角；小叶有椭圆形和被针形等，叶面有黄绿色和绿色等；花蕾有圆桃、扁圆桃、长圆桃等；绿色的外轮萼片 5 枚，叶状披针形；内萼片黄绿色或绿色；原种花白色，有 5 ~ 13 枚倒卵形的花瓣；果实纺锤形、椭圆形等；花期 5 ~ 6 月，果期 8 月。

生长环境

➲ 多生长在海拔 1000 ~ 2300 米以及东北地区海拔 480 ~ 700 米的山坡、草地和林下。芍药喜欢光照充足的环境，适合在沙质土壤中生长。

繁殖方式

➲ 分株、播种、扦插。

应用价值

➲ 芍药的花可做成粥、饼、花茶食用。芍药的根可入药，具有镇痛、镇痉、利尿、通经等功效，对妇女腹痛、胃痉挛、痛风、眩晕等症有辅助治疗的作用。芍药种子可供榨油、制肥皂、作涂料等。

园林绿化

➲ 芍药耐干旱，花朵硕大娇艳，花色丰富，可用于花园、花坛、公园、庭院栽植或作盆栽等。

小叶有椭圆形和被针形等，叶面有黄绿色、绿色等

原种花白色，有 5 ~ 13 枚倒卵形的花瓣

柳叶菜

别名： 水丁香、通经草、水兰花、菜子灵

科属： 柳叶菜科柳叶菜属

分布： 全国各地

形态特征

◉ 多年生草本植物。根状茎匍匐，茎上疏生鳞片状的叶片；茎高 25 ~ 250 厘米，绿色，一般在中上部分枝较多；草质的叶片对生，茎上部的叶片互生；茎生叶多为披针状椭圆形或狭倒卵形或椭圆形，顶端锐尖至渐尖，每一侧有 20 ~ 50 枚细锯齿；总状花序，直立；苞片叶状；花蕾卵状长圆形；萼片长圆状线形；花瓣宽倒心形，多为玫瑰红色，有的为粉红色、紫红色；花期 6 ~ 8 月，果期 7 ~ 9 月。

生长环境

◉ 多生长在黄河流域以北海拔 150 ~ 2000 米的河谷、河床沙地、沟边、湖边湿地等处。柳叶菜喜欢光照充足的环境，适合在肥沃、排水良好的土壤中生长。

繁殖方式

◉ 播种、分株和扦插。

应用价值

◉ 柳叶菜的嫩苗、嫩叶可食用。其根、花和全草均可入药，具有消炎止痛、理气活血、祛风除湿、调经止带等功效，对跌打损伤、骨折、咽喉炎、月经不调等症有辅助治疗的作用。

园林绿化

◉ 柳叶菜的生命力强，可用于道路旁、公园绿化或作护坡、护堤、地被栽植等。

茎高 25 ~ 250 厘米，绿色

总状花序，直立，宽倒心形的花瓣多为玫瑰红色

美丽月见草

别名： 待霄草、粉晚樱草、粉花月见草

科属： 柳叶菜科月见草属

分布： 华南地区

形态特征

多年生草本植物。主根较粗大；茎一般丛生，分枝较多，下部多为紫红色；基生叶片倒披针形，贴近地面，顶端钝圆或尖锐；灰绿色的茎生叶片披针形或长圆状卵形；花单生在茎和枝顶部的叶腋；绿色的花蕾锥状圆柱形；花管淡红色；披针形的萼片绿色中带有一些红色；宽倒卵形的花瓣粉红色或紫红色，有 4 ~ 5 对羽状的脉；棒状的蒴果有 4 条纵翅；花期 4 ~ 11 月，果期 9 ~ 12 月。

生长环境

多生长在海拔 1000 ~ 2000 米的荒坡、草地、沟渠边的半阴处。美丽月见草适应性强，适合在疏松、排水良好、微碱性或微酸性的土壤中生长。

繁殖方式

播种。

应用价值

美丽月见草的根可入药，具有消炎、降血压等功效，月见草油对肥胖症、糖尿病、风湿性关节炎、高胆固醇以及高脂血症引起的粥样硬化等症有辅助治疗的作用。

园林绿化

美丽月见草的繁殖力强，花朵像杯盏，花色鲜艳，花期较长，可用于道路旁、花园、公园、花坛等处的绿化栽植。

花单生在茎和枝顶部的叶腋，花管淡红色

花瓣粉红色或紫红色

山桃草

别名：千鸟花、白桃花、玉蝶花、白蝶花

科属：柳叶菜科山桃草属

分布：山东、南京、浙江、江苏、河南、湖北、福建

形态特征

多年生草本植物。植株多丛生，被长长的软毛；直立的茎高 60 ~ 100 厘米，分枝较多；叶片卵状披针形，互生，基部渐狭成短柄，边缘呈波状，或有细齿；花朵紫红色，穗状花序，密生，花序较长；苞片披针形、线形或狭椭圆形；花管内面上半部有毛，长 4 ~ 9 毫米；萼片长 10 ~ 15 毫米，被长柔毛，在花开绽时会反折；花瓣倒卵形或椭圆形，白色，后变粉红色；蒴果狭纺锤形，熟时褐色，有明显的棱；花期 5 ~ 8 月，果期 8 ~ 9 月。

生长环境

山桃草喜欢光照充足、凉爽的环境，耐寒冷，耐干旱，耐半阴，对土壤要求不严，适合在肥沃、疏松、排水良好的沙质土壤中生长。

繁殖方式

播种、分株。

应用价值

山桃草的苗木有一定的市场需求量，花朵可作插花材料，具有一定的经济价值。

园林绿化

山桃草生长强健，花形好似桃花，观赏性较强，花期长，可用于公园、花坛、花境、地被、草坪、庭院等处的绿化栽植，也可作盆栽观赏。

茎高 60 ~ 100 厘米，叶片卵状披针形

花瓣倒卵形或椭圆形，白色，后变粉红色

虞美人

别名： 丽春花、舞草、赛牡丹、仙女蒿、虞美人草

科属： 罂粟科罂粟属

分布： 全国各地

形态特征

➲ 一年生草本植物。植株一般都被刚毛；直立的茎高 25 ~ 90 厘米，有分枝；叶片狭卵形或披针形，有披针形的裂片；花朵单生在茎和分枝的顶端；下垂的花蕾长圆状倒卵形；萼片 2 枚，宽椭圆形；花瓣紫红色，有 4 枚，横向宽椭圆形或宽倒卵形等，多为全缘，圆齿状或顶端缺刻状的较少，基部一般有深紫色的斑点；蒴果宽倒卵形；花果期 3 ~ 8 月。

生长环境

➲ 虞美人在高海拔的山区生长良好，喜欢光照充足的环境，生长适温 5℃ ~ 25℃，耐寒，不耐暑热，适合在排水良好、疏松、肥沃的沙质壤土中生长。

繁殖方式

➲ 播种。

应用价值

➲ 虞美人含多种生物碱，全株和花、果实均可入药，具有镇咳、镇痛、镇静、止泻等功效，对咳嗽、腹痛、痢疾等症有辅助治疗的作用。虞美人也可作切花材料。

园林绿化

➲ 虞美人的花朵娇艳，花期较长，在成片栽植时十分美观，可用于公园、花园、花坛、花境、庭院等处的绿化栽植，也可用于盆栽观赏。

花朵单生在茎和分枝的顶端，花瓣紫红色

直立的茎高 25 ~ 90 厘米，有分枝

锦葵

别名：荆葵、钱葵、金钱紫花葵、棋盘花

科属：锦葵科锦葵属

分布：全国各地

形态特征

➲ 二年生或多年生直立草本植物。植株高50～90厘米，分枝较多，被粗毛；叶片肾形或圆心形，有5～7个圆齿状的钝裂片，长5～12厘米，边缘有圆锯齿，两面都没有毛，只在脉上被短而糙的伏毛；叶柄长4～8厘米；托叶卵形；花3～11朵，簇生；长圆形的小苞片3枚，被稀疏的柔毛；花朵直径3.5～4厘米，白色或紫红色，花瓣匙形，有5枚，长2厘米，前端微缺；果实扁圆形；花期2～8月。

生长环境

➲ 锦葵喜欢光照充足的环境，适应性强，耐寒，耐干旱，对土壤要求不严，适合在沙质土壤中生长。

繁殖方式

➲ 播种、分株。

应用价值

➲ 锦葵可用来制香茶，其茎、叶、花朵均可入药，具有理气通便、清热利湿等功效，对大便不畅、脐腹痛、带下病等症有辅助治疗的作用。

园林绿化

➲ 锦葵生性强健，耐干旱和寒冷，植株大，花期较长，可用于公园、花园、花境、庭院等处的绿化栽植，也可作盆栽或地被植物。

花3～11朵，簇生，花瓣匙形，有5枚

花朵直径3.5～4厘米，白色或紫红色

蜀葵

别名：一丈红、大蜀季、戎葵

科属：锦葵科蜀葵属

分布：华东、华中、华北、华南地区

形态特征

➲ 二年生直立草本植物。植株高可达 2 米；茎枝密生有刺毛；叶片近圆心形，掌状，有 5 ~ 7 枚浅裂或波状的棱角，裂片三角形或圆形；叶柄被长硬毛；托叶顶端有 3 尖；花朵较大，腋生、单生或近簇生，成总状花序，有叶状的苞片；杯状的小苞片一般有 6 ~ 7 枚卵状披针形的裂片；钟状的花萼有 5 枚卵状三角形的裂片；花瓣倒卵状三角形，花色有红色、粉红色、紫色、黄色等；花期 2 ~ 8 月。

生长环境

➲ 蜀葵喜欢光照充足和凉爽的环境，耐寒冷，忌涝，适合在疏松、肥沃、排水良好的沙质土壤中生长。

繁殖方式

➲ 播种、分株、扦插。

应用价值

➲ 蜀葵的嫩叶和花可以食用。全株可入药，具有清热、消肿、解毒、镇咳、利尿等功效，对吐血、血崩等症有辅助治疗的作用。蜀葵的花也可作切花材料。

园林绿化

➲ 蜀葵花色鲜艳，花期长，可用于道路旁、建筑物旁、公园假山旁栽植或点缀草坪、花坛，布置花境，美化园林，其矮生品种可用于盆栽观赏。

叶片近圆心形，有 5 ~ 7 枚浅裂或波状的棱角

钟状的花萼有 5 枚卵状三角形的裂片

植株高可达 2 米，茎枝密生有刺毛

花朵较大，腋生、单生或近簇生

花瓣倒卵状三角形，花色有红色、粉红色、紫色等

野芝麻

别名： 地蚕、野藿香、山苏子、山麦胡、白花菜

科属： 唇形科野芝麻属

分布： 东北、华北、华东以及陕西、湖北、湖南、四川

形态特征

➲ 多年生草本植物。植株高可达 1 米；四棱形的茎直立，单生，上面有浅槽，中间空；茎下部的叶片心形或卵圆形，前端尾状渐尖；茎上部的叶片卵圆状披针形，比茎下部的叶片更细长，两面都疏生有柔毛；轮伞花序，有 4 ~ 14 朵花，着生在茎上部的叶腋；钟形的花萼膜质，长约 1.5 厘米，萼齿披针状钻形；花冠浅黄色或白色，长约 2 厘米，冠檐二唇形；淡褐色的小坚果倒卵圆形，长约 3 毫米；花期 4 ~ 6 月，果期 7 ~ 8 月。

生长环境

➲ 多生长在海拔 2600 米以下的阴湿的路旁、沟渠旁、田边和山坡上。

繁殖方式

➲ 播种。

应用价值

➲ 野芝麻的嫩叶和花可作蔬菜食用。全株可入药，具有凉血止血、活血止痛、利湿消肿等功效，对肺热引起的咯血不止以及月经不调、小儿疳积、肿毒、跌打损伤等症有辅助治疗的作用。

园林绿化

➲ 野芝麻生性强健，叶片翠绿，花期较长，可用于公园、坡地、花坛、林下、庭院等处的绿化栽植，也可作盆栽观赏。

茎上部的叶片卵圆状披针形

轮伞花序，有 4 ~ 14 朵花，花冠浅黄色或白色

罗勒

别名： 九层塔、金不换、兰香、圣约瑟夫草、甜罗勒

科属： 唇形科罗勒属

分布： 新疆、吉林、浙江、江苏、河南、江西、湖南、广东

形态特征

➲ 一年生或多年生草本植物。直立的茎高 20 ~ 70 厘米，呈钝四棱形，表面被毛，多为绿色偏紫，上部分枝较多；叶片对生，多为卵圆形或卵圆状披针形，长 2.5 ~ 5 厘米；总状花序着生在茎和枝的顶部，由多组轮伞花序组成；花萼钟状，外面被较短的柔毛；花冠白色、淡紫色或紫红色，二唇形，长约 6 毫米；卵圆形的小坚果黑褐色，长 2.5 毫米；花期多为 7 ~ 9 月，果期 9 ~ 12 月。

生长环境

➲ 罗勒喜欢温暖、湿润的环境，耐干旱，耐热，不耐涝，适合在排水良好的沙质壤土中生长。

繁殖方式

➲ 播种、扦插。

应用价值

➲ 罗勒的嫩叶可以食用，也可泡茶饮。全草可入药，有发汗解表、化湿消食、活血散瘀、解毒止痛等功效，对伤风感冒、头痛、脘腹胀满、跌打损伤等症有辅助治疗的作用。

园林绿化

➲ 罗勒耐干旱，植株小巧，叶色翠绿，花色鲜艳，花期较长，可用于公园、花坛、庭院的绿化栽植，也可作盆栽，置于阳台或室内观赏。

叶片对生，多为卵圆形或卵圆状披针形

茎钝四棱形，多为绿色偏紫

多花筋骨草

别名： 白毛夏枯草、金疮小草、散血草

科属： 唇形科筋骨草属

分布： 内蒙古、黑龙江、辽宁、河北、江苏、安徽

形态特征

多年生草本植物。直立的茎四棱形，没有分枝，高 6 ~ 20 厘米，密被灰白色的长柔毛；纸质的叶片椭圆状长圆形或椭圆状卵圆形，边缘的波状齿或波状圆齿不明显；轮伞花序，顶端呈穗状聚伞花序；苞叶披针形或卵形；花梗被柔毛；花萼宽钟形，有 5 枚钻状三角形的萼齿；筒状的花冠蓝紫色或蓝色；小坚果倒卵状三棱形，背部有皱纹；花期 4 ~ 5 月，果期 5 ~ 6 月。

生长环境

多生长在开阔的山坡草丛、河边草地或灌丛里。多花筋骨草喜欢光照充足的环境，耐涝，耐干旱，适合在排水良好的酸性、中性的沙质土壤中生长。

繁殖方式

播种、分株、扦插。

应用价值

全草可入药，具有凉血止血、续筋接骨、消肿等功效，对便血、尿血、目赤肿痛、痈肿疮疖、跌打损伤、骨折等症有辅助治疗的作用。

园林绿化

多花筋骨草耐涝，耐干旱，长势强健，花期较长，可用于花园、花坛、花径、道路旁、庭院、林下等处的绿化栽植。

顶端呈穗状聚伞花序，筒状的花冠蓝紫色或蓝色

纸质的叶片椭圆状长圆形或椭圆状卵圆形

益母草

别名： 坤草、九重楼、云母草、玉米草

科属： 唇形科益母草属

分布： 全国各地均有分布

形态特征

➲ 一年生或二年生草本植物。植株高 30 ~ 120 厘米；直立的茎钝四棱形，被粗糙的伏毛，基部分枝较多；茎下部叶片卵形，掌状 3 裂；茎中上部的叶片则为菱形，较小；轮伞花序腋生，有 8 ~ 15 朵花，圆球形；刺状的小苞片向上伸出；花萼管状钟形，萼齿 5 枚；花冠粉红色或淡紫红色，冠檐二唇形，上唇长圆形，直伸，内凹，下唇 3 裂；淡褐色的小坚果长圆状三棱形，基部楔形；花期 6 ~ 9 月，果期 9 ~ 10 月。

生长环境

➲ 多生长在山野荒地、田埂、河流边、草地、路旁等。益母草喜欢光照充足、温暖潮湿的环境，对土壤要求不严，适合在水分充足、肥沃的土壤中生长。

繁殖方式

➲ 播种。

应用价值

➲ 益母草地上部分可入药，具有活血化瘀、调经消水等功效，对妇女月经不调、痛经闭经、产后血晕、瘀血腹痛等症有辅助治疗的作用。

园林绿化

➲ 益母草适应性较强，花色鲜艳，花期较长，可用于公园、花坛、荒地、庭院等处的绿化栽植，也可作盆栽观赏。

轮伞花序腋生，花冠粉红色或淡紫红色

茎下部叶片卵形，掌状 3 裂

一串红

别名： 炮仗红、西洋红、象牙红、洋赪桐

科属： 唇形科鼠尾草属

分布： 全国各地

形态特征

➲ 亚灌木状草本植物。植株高达 90 厘米；钝四棱形的茎有浅槽；叶片卵圆形或三角状卵圆形，顶端逐渐变尖锐，边缘有锯齿，上面绿色，下面有腺点；茎生叶的叶柄长 3 ~ 4.5 厘米；轮伞花序，有 2 ~ 6 朵花组成顶生总状花序，花序长度 20 厘米或以上；红色的苞片较大，卵圆形；花梗密被染红的柔毛；钟形的花萼红色；红色的花冠外面被微柔毛；椭圆形的小坚果暗褐色；花期 8 ~ 10 月。

生长环境

➲ 一串红喜欢温暖、光照充足的环境，耐半阴，不耐寒，不耐高温，生长适温 20℃ ~ 25℃，适合在疏松、肥沃、排水良好的沙质土壤中生长。

繁殖方式

➲ 播种、扦插。

应用价值

➲ 全株可入药，具有清热凉血、散瘀止痛等功效，对泄泻、胃痛、经期腹痛、跌打损伤、风湿痹痛等症有辅助治疗的作用。

园林绿化

➲ 一串红花序修长而丰满，花色红而鲜艳，花期长，适应能力较强，可用于公园、花丛、花境、花坛或林缘栽植。矮生的品种适合作盆栽观赏。

叶片卵圆形或三角状卵圆形，边缘有锯齿

有 2 ~ 6 朵花组成顶生总状花序，红色的花冠

一串蓝

别名： 修容绯衣草、粉萼鼠尾草、蓝花鼠尾草

科属： 唇形科鼠尾草属

分布： 全国各地

形态特征

➲ 一年生草本植物。鼠尾草的一个变种，植株高60 ~ 90厘米，全株有毛；直立的茎四棱，光滑，分枝较多，茎基部半木质化，枝近方形；叶片绿色，对生或轮生，卵圆形或长披针形，前端渐尖，边缘有粗的锯齿；顶生总状花序，花瓣青蓝色，白色的唇瓣被柔毛，唇形花下唇瓣大，上唇瓣小；花萼矩圆状钟形，青蓝色；花梗蓝紫色；小坚果卵形；花期7 ~ 10月，果熟期8 ~ 10月。

生长环境

➲ 一串蓝性喜温暖、光照充足的环境，稍耐半阴，适合在疏松、肥沃、排水良好的湿润壤土或沙质壤土中生长。

繁殖方式

➲ 播种、扦插。

应用价值

➲ 一串蓝的叶片可入药，具有抗菌、消炎、防腐等功效。一串蓝的花朵可作插花材料，具有一定的观赏价值和经济价值。

园林绿化

➲ 一串蓝植株丛生，花朵色彩鲜亮，花期较长，花香浓郁，一串蓝适宜和黄色花系搭配栽植。可用于公园、草坪、花园、花坛、花境、池畔等处的绿化栽植，也可作盆栽观赏。

顶生总状花序，花瓣青蓝色

植株高60 ~ 90厘米，茎四棱形

薰衣草

别名： 香水植物、黄香草、灵香草、香草

科属： 唇形科薰衣草属

分布： 全国各地

形态特征

➲ 多年生草本植物。直立的茎被星状的茸毛；叶片簇生，线形或披针状线形，花枝上的叶片较大，新枝上的叶片边缘向外翻卷；轮伞花序，一般有 6 ~ 10 朵花，在枝的顶端聚成间断或近连续的穗状花序；苞片菱状卵圆形，有 5 ~ 7 条脉，顶端逐渐尖锐；花有蓝色的短梗；花萼近管形或卵状管形，有 13 条脉；花冠有 13 条脉纹；小坚果椭圆形；花期 6 月。

生长环境

➲ 薰衣草喜欢光照充足的环境，耐干旱和寒冷，适合在疏松透气、土层深厚、富含硅钙质的肥沃土壤中生长。

繁殖方式

➲ 播种、扦插。

应用价值

➲ 薰衣草花蕾可制成薰衣草茶；薰衣草可制成薰衣草香皂和洁面乳等产品；薰衣草粉可用于面膜、蒸脸和泡澡；薰衣草精油可用于按摩和芳香疗法；薰衣草种植园具有较高的综合利用价值。

园林绿化

➲ 薰衣草的生长力强，植株整年都呈灰紫色，叶形优美，花朵典雅，可用于公园、花园、植物园、花境、庭院的绿化栽植，也可作盆栽观赏。

直立的茎被茸毛，叶片线形或披针状线形

轮伞花序，一般有 6 ~ 10 朵花

紫苏

别名： 桂荏、白苏、黑苏、赤苏、红苏

科属： 唇形科紫苏属

分布： 华北、华中、华南、西南地区

形态特征

一年生草本植物。植株高可达 80 厘米；钝四棱形的茎绿色或紫色，密被茸毛；叶片对生，长 7 ~ 13 厘米，阔卵形或圆卵形，两面绿色或紫色；叶柄密被柔毛；轮伞花序在茎中上部密集，组成长 1.5 ~ 15 厘米的顶生和腋生总状花序；苞片近圆形或宽卵圆形，前端有短尖；花萼钟形；花冠白色或紫红色，冠檐近似二唇形，上唇稍缺，下唇有 3 裂；灰褐色的小坚果近球形，有网状的纹路；花期 8 ~ 11 月，果期 8 ~ 12 月。

生长环境

多生长在房前屋后、沟边和地边。紫苏喜欢温暖、光照充足的环境，对土壤要求不严，适合在排水良好、肥沃的沙质壤土或黏质壤土中生长。

繁殖方式

播种。

应用价值

紫苏的嫩叶可食用。紫苏的叶片、果实可入药，具有发汗、行气宽中、解郁止呕、止咳祛痰等功效，对感冒风寒、咳嗽气喘等症有辅助治疗的作用。

园林绿化

紫苏对环境的适应性比较强，植株有芳香，可用于林下、庭院、荒坡、公园等处的绿化栽植或作地被植物。

植株高可达 80 厘米，钝四棱形的茎绿色或紫色

叶片对生，阔卵形或圆卵形，两面绿色或紫色

地黄

别名： 生地、怀庆地黄、小鸡喝酒

科属： 玄参科地黄属

分布： 全国各地

形态特征

➲ 多年生草本植物。植株高 10 ～ 30 厘米；肉质的根茎肥厚；茎为紫红色；叶片卵形或长椭圆形，一般在茎基部成莲座状，上面绿色，下面略带紫色或紫红色，边缘有圆齿或钝锯齿等；花在茎顶部，略成总状花序，或几乎都在叶腋单生；钟状的花萼密被长柔毛和白色的长毛；萼齿有 5 枚；筒状的花冠弯曲；花冠裂片有 5 枚；蒴果卵形或长卵形；花果期 4 ～ 7 月。

生长环境

➲ 多生长在海拔 50 ～ 1100 米的山坡、墙角、路旁荒地等地。地黄喜欢光照充足的环境，适合在疏松、肥沃的沙质土壤中生长。

繁殖方式

➲ 播种、分株。

应用价值

➲ 地黄可腌成咸菜，也可泡酒、泡茶食用。其块根具有清热凉血、滋阴补肾、养血补血、强心利尿等功效。此外，地黄出口到东南亚和日本等地，经济价值较高。

园林绿化

➲ 地黄的植株高大，花序和花形优美，淡红紫色的花适合观赏，花果期较长，可用于公园、花境、花坛、岩石园的绿化栽植，也可用于盆栽。

钟状的花萼密被有白色的长毛

花在茎顶部，略成总状花序，或几乎都在叶腋单生

美人蕉

别名： 小芭蕉、红艳蕉、小花美人蕉

科属： 美人蕉科美人蕉属

分布： 全国各地

形态特征

多年生草本植物。植株高达 1.5 米，全体绿色；卵状长圆形叶片长 10 ~ 30 厘米，宽约 10 厘米；总状花序，红色的花单生或对生；绿色的苞片卵形，长约 1.2 厘米；萼片有 3 枚，披针形，绿色，有时会染一些红色；花冠管长不到 1 厘米，披针形的裂片绿色或红色；绿色的蒴果长卵形；花果期 3 ~ 12 月。

生长环境

美人蕉喜欢温暖、光照充足的环境，生长适温 25℃ ~ 30℃，不耐寒，对土壤要求不严，适合在疏松、肥沃、排水良好的沙质土壤或肥沃的黏质土壤中生长。

繁殖方式

播种、分株。

应用价值

根茎、花均可入药，具有清热利湿、舒筋活络、安神降压、止血等功效，对黄疸肝炎、风湿麻木、高血压、带下病、月经不调、疮毒痈肿等症有辅助治疗的作用。其茎叶纤维能用于人造棉、麻袋的制作材料。

园林绿化

美人蕉生性强健，适应能力强，栽培比较容易，花朵较大，花色鲜艳，可用于花园、公园、花坛、庭院、道路旁的绿化栽植，也可作盆栽观赏。

卵状长圆形叶片长 10 ~ 30 厘米，宽约 10 厘米

总状花序，红色的花单生或对生

醉蝶花

别名：西洋白花菜、蜘蛛花、凤蝶草、紫龙须

科属：白花菜科醉蝶花属

分布：全国各地

形态特征

一年生草本植物。植株高 1 ~ 1.5 米，全株被腺毛；掌状复叶，有 5 ~ 7 枚小叶，草质的小叶片倒披针形或椭圆状披针形；总状花序，顶生，长度 40 厘米左右，密被腺毛；叶状的苞片卵状长圆形；花蕾圆筒形；花梗长 2 ~ 3 厘米，单生在苞片腋内；萼片 4 枚，长圆状椭圆形，顶端渐尖；花瓣玫瑰红色或白色，花瓣片倒卵伏匙形；果呈圆柱形；花期 6 ~ 9 月，果期夏末秋初。

生长环境

醉蝶花喜欢高温、光照充足的环境，耐暑热和干旱，忌寒冷和积水，生长适温 20℃ ~ 32℃，对土壤要求不严，适合在湿润、肥沃的土壤中生长。

繁殖方式

播种、扦插。

应用价值

全草可入药，具有祛风散寒、杀虫、止痒等功效。此外，醉蝶花还是优良的蜜源植物，也能提取出优质的精油。

园林绿化

醉蝶花植株较为高大，耐干旱，花期较长，可用于花园、庭院、道路旁、墙边、树下等处的绿化栽植，也可布置花坛、花境。矮化品种可作盆栽，放在窗前欣赏。

花瓣玫瑰红色或白色，花瓣片倒卵伏匙形

掌状复叶，有 5 ~ 7 枚草质的小叶

黄菖蒲

别名： 水生鸢尾、黄鸢尾

科属： 鸢尾科鸢尾属

分布： 全国各地

形态特征

多年生草本植物。根状茎粗壮，斜伸，黄褐色；基生叶宽剑形，顶端渐尖，基部鞘状，有明显的中脉；茎生叶比基生叶短而窄；粗壮的花茎上有明显的纵棱；苞片披针形，顶端渐尖；花黄色，外花被裂片卵圆形或倒卵形，爪部狭楔形，中间下陷成沟状，有黑褐色的条纹，内花被裂片倒披针形；花丝黄白色，花药黑紫色；花期 5 月，果期 6 ~ 8 月。

生长环境

常生于河湖沿岸的湿地、沼泽地以及灌木林缘等处，喜欢湿润、排水良好、富含腐殖质的沙质壤土或轻黏质壤土。

繁殖方式

分株、播种。

应用价值

黄菖蒲的干燥根茎可以入药，具有缓解牙痛、治疗腹泻以及调经等作用。此外，黄菖蒲还可以制作染料。

园林绿化

黄菖蒲是水生花卉中的佼佼者，适应性强，适应范围广，既可以水边露地栽培，又可以水中挺水栽培，而且花色黄艳，花形秀美，植株茂密，具有很高的观赏价值，可以营造出很好的水景景观。

花茎粗壮，花黄色，外花被裂片卵圆形或倒卵形，有黑褐色的条纹

基生叶宽剑形

野韭菜

别名：山韭、起阳草、宽叶韭、岩葱

科属：百合科葱属

分布：全国各地

形态特征

多年生草本植物。植株矮小，有根状茎；鳞茎狭圆锥形，外皮白色；深绿色的叶片基生，条形至宽条形，长 30 ~ 40 厘米，叶背有突起的中脉；花茎从叶丛中抽出，高 20 ~ 50 厘米，呈圆柱状或三棱状，下部有叶鞘；多数小花密集组成顶生的伞形花序，近球形；小花花梗纤细；花朵白色或微带一些红色，花被披针形至长条形，长 4 ~ 7 毫米，前端渐尖；蒴果倒卵形；花期 7 ~ 8 月。

生长环境

多生长在海拔 2000 米以下地区的草原、坡地、田野、道路旁等处。野韭菜喜欢温暖、潮湿的环境，适合在疏松、肥沃、保水力强的土壤中生长。

繁殖方式

播种、分株。

应用价值

野韭菜的花、茎、叶可食用。全株可入药，具有温中行气、补肾益阳、健胃暖胃、除湿理气等功效，对腰膝酸软、脾胃虚寒、便秘尿频、妇女痛经等症有辅助治疗的作用。

园林绿化

野韭菜叶色翠绿，花期较长，可用于绿化带、花坛、荒坡、林下、庭院栽植，也可作盆栽观赏。

深绿色的叶片基生，条形或宽条形

小花密集组成顶生的伞形花序，近球形

萱草

别名：金针菜、鹿葱、川草花

科属：百合科萱草属

分布：全国各地

形态特征

● 多年生草本植物。根状茎粗而短；叶片基生，条状披针形，成丛，背面被白粉；花朵较大，清晨花开，晚上凋落；花葶高达 1 米以上；圆锥花序，顶生，有 6 ~ 12 朵花，橘红色；苞片披针形；花长 7 ~ 12 厘米，花被基部漏斗状，花被 6 枚，向外反卷，外轮 3 枚，内轮 3 枚，边缘略呈波状；长长的花丝着生在花被的喉部；花柱细长；花果期 5 ~ 7 月。

生长环境

● 萱草的适应性强，喜欢光照充足和湿润的环境，耐旱，耐半阴，耐寒，对土壤要求不严，适合在排水良好、富含腐殖质的土壤中生长。

繁殖方式

● 播种、分株。

应用价值

● 萱草可入药，具有清热利尿、凉血止血、利水等功效，对腮腺炎、黄疸、膀胱炎、小便不利、月经不调、便血、水肿、带下等症有辅助治疗的作用。萱草还可作切花材料。

园林绿化

● 萱草生性强健，栽培容易，绿叶成丛，花色鲜艳，较为美观，可用于公园、花园、庭院、花境、道路旁和疏林地被的绿化栽植。

花黄色，花被 6 枚，向外反卷

花葶长短不一，稍长于叶

薤白

别名：小根蒜、野葱、野蒜

科属：百合科葱属

分布：新疆、青海除外的全国各地

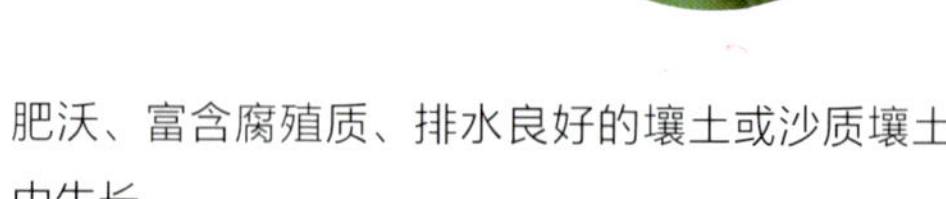

形态特征

多年生草本植物。鳞茎近球状，基部一般有小鳞茎，鳞茎纸质或膜质；叶片三棱状半圆柱形，3 ~ 5 枚，中空，或背部纵棱发达，上面有沟槽；花葶圆柱状，高 30 ~ 70 厘米；总苞 2 裂；伞形花序，半球状至球状，花多而密集，有暗紫色的珠芽，基部有小苞片；花朵淡红色或淡紫色；花被片矩圆状卵形至矩圆状披针形；子房近球状，腹缝线基部有凹陷的蜜穴；花柱伸出花被外；花果期 5 ~ 7 月。

生长环境

多生长在海拔 1500 米以下的丘陵、草地或坡地等处。薤白喜欢温暖、湿润的环境，适合在疏松、肥沃、富含腐殖质、排水良好的壤土或沙质壤土中生长。

繁殖方式

播种、分株。

应用价值

薤白的鳞茎可作蔬菜食用。鳞茎干燥后可入药，具有温中健胃、通阳散结、抗菌消炎、消积化滞等功效，对胃肠胀气、胸痹、脘腹痞满等症有辅助治疗的作用。

园林绿化

薤白花期较长，可用于绿化带、花园、花坛、庭院等处的绿化栽植。

叶片三棱状半圆柱形，3 ~ 5 枚，中空

伞形花序，花多而密集，淡红色或淡紫色

玉簪

别名： 白鹤花、玉春棒、玉泡花、白玉簪

科属： 百合科玉簪属

分布： 四川、湖北、湖南、安徽、浙江、福建、广东

形态特征

多年生宿根草本植物。根状茎粗厚；叶片长 14 ~ 24 厘米，宽 8 ~ 16 厘米，卵形、卵状心形或卵圆形，顶端渐尖，有 6 ~ 10 对侧脉；花葶高 40 ~ 80 厘米，有 9 ~ 15 朵花；花的外苞片卵形或披针形；白色的花单生或 2 ~ 3 朵簇生，筒状漏斗形；花梗长 1 厘米左右；圆柱状的蒴果有三棱；花果期 8 ~ 10 月。

生长环境

多生长在海拔 2200 米以下的林下、坡地或岩石旁边。玉簪耐寒冷，喜欢阴湿的环境，忌强光暴晒，适合在排水良好、土层深厚的肥沃沙质土壤中生长。

繁殖方式

播种、分株。

应用价值

玉簪花去掉雄蕊后可作蔬菜食用。其花、根、叶均可入药，具有消肿、解毒、止血、清咽、利尿、通经等功效，对咽肿、烧伤、乳腺炎、中耳炎、疮痈肿毒、溃疡等症有辅助治疗的作用。玉簪花也可作切花材料。

园林绿化

玉簪生性强健，花香浓郁，花期较长，可用于公园、花园、庭院、林下草地、岩石园、花境和地被的绿化栽植，也可作盆栽观赏。

卵状长圆形叶片长 10 ~ 30 厘米，宽约 10 厘米

总状花序，白色的花单生或对生

葡萄风信子

别名： 蓝瓶花、串铃花、葡萄百合、蓝壶花

科属： 百合科蓝壶花属

分布： 全国各地

形态特征

➲ 多年生草本植物。植株高 15 ~ 30 厘米，小鳞茎卵圆形，被白色的皮膜，高约 1.5 厘米；暗绿色的叶片基生，绒状披针形，稍肉质，长约 20 厘米，边缘一般会内卷；圆筒形的花茎从叶丛中抽出，高 15 ~ 20 厘米，顶端簇生着 10 ~ 20 朵小花，密集生长，整个花序好像蓝紫色的葡萄串，花梗向下垂，花朵蓝色或顶端白色，有白色、淡蓝色、肉色和重瓣品种；小坛状的花冠顶端紧缩；花期 3 ~ 5 月。

生长环境

➲ 葡萄风信子喜欢光照充足、凉爽的气候，较耐阴，对环境适应性强，生长适温 15℃ ~ 30℃，适合在肥沃、疏松、排水良好的沙质土壤中生长。

繁殖方式

➲ 播种、分株。

应用价值

➲ 葡萄风信子的品种繁多，观赏性强，也可作切花材料，观赏价值和经济价值都比较高。

园林绿化

➲ 葡萄风信子植株整齐，花序端庄秀丽，开花较早，花期长，可用于林下地被、草坪、花境、花坛、公园、岩石园的绿化栽植，也可用于盆栽观赏。

植株高 15 ~ 30 厘米

花茎顶端簇生着 10 ~ 20 朵小花

山丹

别名： 细叶百合、山丹丹花

科属： 百合科百合属

分布： 黑龙江、陕西、吉林、辽宁、河南、河北、山西

形态特征

多年生草本植物。茎高 60 ~ 80 厘米，有些带有紫色的条纹；条形的叶在茎中部散生，长 3.5 ~ 9 厘米，宽 1.5 ~ 3 毫米；花为鲜红色，一般没有斑点，下垂状，常单生或数朵排列成总状花序；花被片 6 枚，向后强烈反卷；花丝无毛，长 1.2 ~ 2.5 厘米；黄色的花药长椭圆形；蒴果长约 2 厘米，宽 1.2 ~ 1.8 厘米，矩圆形；白色的鳞茎圆形或圆锥形；花期 7 ~ 8 月，果期 9 ~ 10 月。

生长环境

多生长在海拔 400 ~ 2600 米的丘陵山坡、林间草地或灌木丛中。山丹喜欢湿润的环境，适合在深厚、肥沃、排水良好的沙质壤土中生长。

繁殖方式

扦插、播种、分株。

应用价值

山丹的花和鳞茎可以食用。花、鳞茎也可入药，具有清心安神、养阴润肺、止咳祛痰、活血等功效，对疔疮恶肿、失眠多梦、咳嗽等症有辅助治疗的作用。

园林绿化

山丹花色美丽娇艳，花形美观，花期较长，可用于庭院、花园、花境、草坪边缘的绿化栽植，也可作盆栽，放在案头、窗台观赏。

茎高 60 ~ 80 厘米，有些带有紫色的条纹

花为鲜红色，一般没有斑点，下垂状

花被片 6 枚，向后强烈反卷

天蓝绣球

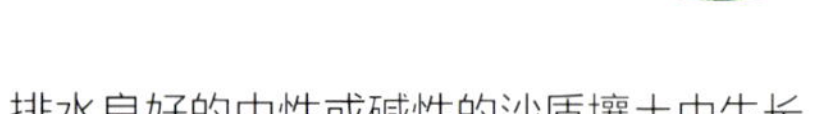

别名： 福禄考、锥花福禄考、草夹竹桃、宿根福禄考

科属： 花荵科天蓝绣球属

分布： 全国各地

形态特征

多年生草本植物。直立的茎粗壮，高60 ~ 100厘米，单一或上部有分枝，上部生有柔毛或无毛；叶片卵状披针形或长圆形，交互对生或三叶轮生，顶端渐尖，基部逐渐成楔形，两面生有稀疏的柔毛；花较多，集成顶生的伞房状圆锥花序；花萼筒状，萼裂片钻状，被柔毛或腺毛；高脚碟状的花冠淡红色、红色或紫色等，花冠筒长达3厘米，裂片倒卵形；卵形的蒴果有三瓣裂；种子卵球形；花期6 ~ 9月。

生长环境

天蓝绣球喜欢光照充足、温暖、湿润的环境，耐寒，忌烈日暴晒，忌积水，适合在肥沃、疏松、排水良好的中性或碱性的沙质壤土中生长。

繁殖方式

播种、分株、压条、扦插。

应用价值

天蓝绣球作为观花植物，能大量种植，也可以作为切花的材料，具有较高的经济价值。

园林绿化

天蓝绣球是夏季主要的观花植物之一，姿态优雅，花朵繁盛，色彩鲜艳，可用作花园、公园、庭院、花坛、花境和草坪边缘的绿化栽植，也可作盆栽观赏。

直立的茎粗壮，高60 ~ 100厘米

花较多，集成顶生的伞房状圆锥花序

叶片卵状披针形或长圆形，交互对生或三叶轮生

花冠筒长达 3 厘米，裂片倒卵形

高脚碟状的花冠淡红色、红色或紫色等

石竹

别名： 洛阳花、中国石竹、中国沼竹、北石竹、钻叶石竹

科属： 石竹科石竹属

分布： 除华南较热地区外的全国各地

形态特征

多年生草本植物。植株高 30 ~ 50 厘米，全株带有粉绿色；直立的茎从根颈部长出，疏丛生，上部有分枝；叶片线状披针形，顶端渐尖锐，基部稍狭，全缘或有小的细齿；花朵单生在枝端或几朵花集成聚伞花序，花色紫红色、鲜红色、粉红色或白色，顶缘有不整齐的齿裂，喉部生有斑纹；蒴果圆筒形；黑色的种子扁圆形；花期 5 ~ 6 月，果期 7 ~ 9 月。

生长环境

多生长在草原、山坡、草地等处。石竹耐寒，耐干旱，喜欢光照充足的环境，适合在疏松、肥沃、排水良好、含石灰质的土壤或沙质土壤中生长。

繁殖方式

播种、扦插、分株。

应用价值

石竹的根和全草可入药，具有清热利尿、通经、消肿散瘀等功效，对疮毒、尿路感染、热淋、尿血、妇女经闭等症有辅助治疗的作用。石竹也可作切花材料。

园林绿化

石竹株型低矮，叶片翠绿，花朵繁茂，花期较长，可用于公园、花园、花坛、花境、岩石园、草坪边缘和地被栽植等，也可作盆栽观赏。

叶片线状披针形，顶端渐尖锐

花单生或几朵集成聚伞花序，花色为紫红色、鲜红色等

常夏石竹

别名： 羽裂石竹、地被石竹

科属： 石竹科石竹属

分布： 长江流域及其以北地区

形态特征

◎ 多年生草本植物。植株丛生，高 20 ~ 30 厘米；簇生的茎蔓状，上部有分枝，越年枝木质状，光滑，茎叶比其他石竹要细些，被有白粉；灰绿色的叶片较厚，长线形；花朵单生枝端或 2 ~ 3 朵簇生，盛花期时覆盖面积较大，花色有紫色、白色和粉红色，有芳香；蒴果；花期 5 ~ 10 月，果期 7 ~ 8 月。

生长环境

◎ 常夏石竹不耐寒，耐阴，喜欢温暖、光照充足的环境和凉爽的气候，生长适温 15℃ ~ 30℃。适合在疏松、肥沃、土层深厚、中性和偏碱性的土壤中生长。

繁殖方式

◎ 播种、分株、扦插。

应用价值

◎ 常夏石竹的全草和根均可入药，具有清热利尿、破血通经等功效。常夏石竹还可吸收二氧化硫和氯气，因此它可大量种植在工矿、厂区。

园林绿化

◎ 常夏石竹的叶片常绿，花朵艳丽，芳香怡人，花期较长，可用于花园、岩石园、花坛、花境、广场、公园、街头绿地、庭院的绿化栽植等，也可作盆栽观赏。

灰绿色的叶片较厚，长线形

花单生枝端或 2 ~ 3 朵簇生

凤仙花

别名：指甲花、女儿花、金凤花、桃红

科属：凤仙花科凤仙花属

分布：全国各地

形态特征

一年生草本植物。植株高 60 ~ 100 厘米；粗壮的茎直立，肉质，分枝或不分枝；叶片互生，最下面的叶片有时对生，披针形、倒披针形或狭椭圆形，顶端尖或渐尖，基部楔形，边缘生有锯齿；花单生或 2 ~ 3 朵簇生在叶腋，花色有白色、紫色或粉红色，单瓣或重瓣；花梗被柔毛；侧生萼片 2 枚，卵形或卵状披针形；宽纺锤状的蒴果被柔毛；花期 7 ~ 10 月。

生长环境

凤仙花喜欢光照充足的环境，怕湿，耐热，不耐寒，对土壤要求不严，适合在疏松、肥沃的土壤中生长。

繁殖方式

播种。

应用价值

凤仙花的嫩叶可食用。其根、茎、花和种子均可入药，具有祛风湿、活血通经、止痛消积等功效，对风湿性关节痛、闭经、跌打损伤、腰胁疼痛、鹅掌风、灰指甲等症有辅助治疗的作用。凤仙花也可作切花材料。

园林绿化

凤仙花的花色和品种都极为丰富，花朵像鹤顶一样，姿态优美，可用于庭院、花园、公园、花坛的绿化栽植，也可作盆栽观赏。

叶片互生，披针形、倒披针形或狭椭圆形

花单生或 2 ~ 3 朵簇生在叶腋

葱莲

别名： 葱兰、玉帘、白花菖蒲莲、韭菜莲、肝风草

科属： 石蒜科葱莲属

分布： 全国各地

形态特征

➲ 多年生草本植物。鳞茎卵形，直径约 2.5 厘米，颈部长 2.5 ~ 5 厘米；肥厚的叶片 2 ~ 4 枚，狭线形，长 20 ~ 30 厘米，宽 2 ~ 4 毫米，亮绿色；花茎中空；花单生，在花茎的顶端，下面有略带一些褐红色的总苞，佛焰苞状，总苞片的顶端有 2 裂；白色的花朵外面常带有一些淡红色；花被片 6 枚，长 3 ~ 5 厘米，顶端钝或有短尖头，近喉部多生有小鳞片；蒴果近球形。

生长环境

➲ 多生长在田间地头、山坡等地。葱莲喜欢温暖、光照充足的环境，耐半阴和低湿，稍耐寒，适合在排水良好、富含腐殖质的沙质壤土中生长。

繁殖方式

➲ 播种、分株。

应用价值

➲ 葱莲可以食用，还可以提取芳香油。带鳞茎的全草可入药，具有化痰镇咳、清热解毒、活血止血、平肝、熄风镇静等功效，对小儿惊风、羊痫风等症有辅助治疗的作用。

园林绿化

➲ 葱莲终年常绿，花期较长，可用于林下、草坪边缘、花坛、花径、庭院、地被等处的绿化栽植，也可作盆栽，置于室内观赏。

花朵白色，单生在花茎的顶端

花被片 6 枚，顶端钝或有短尖头

肥厚的叶片 2 ~ 4 枚，狭线形

石蒜

别名： 红花石蒜、龙爪花、蟑螂花

科属： 石蒜科石蒜属

分布： 山东、河南、浙江、福建、湖北、广西、云南

形态特征

多年生草本植物。近球形的鳞茎直径为 1 ~ 3 厘米；狭带状的叶片从基部抽出，长约 15 厘米，宽约 0.5 厘米，深绿色，中间有粉绿色的带；花茎高约 30 厘米；披针形的总苞片有 2 枚；伞形花序，有鲜红色的花 4 ~ 7 朵；花被裂片狭倒披针形，长约 3 厘米，宽约 0.5 厘米，有皱缩和反卷；花被筒长约 0.5 厘米；雄蕊伸出花被外；花期 8 ~ 9 月，果期 10 月。

生长环境

多生长在缓坡林缘、溪流边等较湿润和排水良好的地方。石蒜的适应性强，耐干旱，较耐寒，适合在疏松、肥沃的腐殖质土壤中生长。

繁殖方式

分球、播种。

应用价值

石蒜的鳞茎可入药，具有解毒、祛痰、利尿、催吐等功效，对咽喉肿痛、痈肿疮毒、肾炎水肿等症有辅助治疗的作用。石蒜也可作切花材料。

园林绿化

石蒜的适应性强，较耐寒，可用于公园、花园、花坛、林下、花境、庭院、山石间等处的绿化栽植，也可作盆栽观赏。

花为鲜红色，花被裂片狭倒披针形，有皱缩和反卷

花茎高约 30 厘米

君子兰

别名：大花君子兰、大叶石蒜、达木兰、剑叶石蒜

科属：石蒜科君子兰属

分布：全国各地

形态特征

◎ 多年生草本植物。乳白色的根肉质，比较粗壮；茎基部宿存的叶基部扩大成假鳞茎状；深绿色的基生叶质厚，带状，像剑一样，长 30 ~ 50 厘米，宽 3 ~ 5 厘米，下部渐狭，互生排列，全缘；花葶从叶腋中抽出；小花有柄，在花顶端呈伞形排列，花直立，漏斗状，黄色、橙红色或橘红色；每个花序有 7 ~ 30 朵小花；花被裂片有 6 枚，合生；紫红色的浆果宽卵形；花期以春夏季为主，果期 10 月。

生长环境

◎ 君子兰喜欢凉爽、湿润的环境，忌高温和干燥，生长适温 15℃ ~ 25℃，适合在肥厚、排水性良好、富含腐殖质的土壤中生长。

繁殖方式

◎ 分株、播种。

应用价值

◎ 全株可入药，对癌症、肝硬化腹水、肝炎病和脊髓灰质病毒等症有辅助治疗的作用。君子兰易栽易活，单株价格高，具有较高的经济价值。

园林绿化

◎ 君子兰株形端庄优美，叶片苍翠，花朵大，颜色鲜艳，花期较长，可用于公园、花园、花坛、庭院栽植，也可作盆栽，装饰室内、布置会场等。

花直立，漏斗状，黄色、橙红色或橘红色

深绿色的基生叶质厚，带状，互生排列

朱顶红

别名：红花莲、百子莲、柱顶红、孤挺花、华胄兰

科属：石蒜科孤挺花属

分布：华北、华东地区

形态特征

➲ 多年生草本植物。近球形的鳞茎直径 5 ~ 7.5 厘米，外皮黄褐色或淡绿色；鲜绿色的叶片带形，有 6 ~ 8 枚，在花后抽出；花茎稍扁，中空，高约 40 厘米，被白粉；花 2 ~ 4 朵；总苞片披针形，佛焰苞状，长约 3.5 厘米；纤细的花梗长约 3.5 厘米；绿色的花被管圆筒状，花被裂片长圆形，长约 12 厘米，宽约 5 厘米，洋红色，略带一些绿色，喉部生有小鳞片；花期夏季。

生长环境

➲ 朱顶红喜欢温暖、湿润的环境，不喜酷热，生长适温 18℃ ~ 25℃，适合在排水良好、富含腐殖质的沙质壤土中生长。

繁殖方式

➲ 播种、分株。

应用价值

➲ 朱顶红的鳞茎可入药，具有活血解毒、散瘀消肿等功效，对瘀血红肿、无名肿毒、跌打损伤等症有辅助治疗的作用。朱顶红也可作切花材料。

园林绿化

➲ 朱顶红的叶片较厚，有光泽，花朵硕大，花色艳丽，可用于公园、花园、花坛、花境、庭院的绿化栽植，也可作盆栽放在阳台、客厅等处观赏。

花茎稍扁，中空，高约 40 厘米

花被裂片长圆形，洋红色，略带一些绿色

羽衣甘蓝

别名：花包菜、叶牡丹、牡丹菜、绿叶甘蓝

科属：十字花科芸薹属

分布：华东地区和上海、北京、广州等各大中城市

形态特征

➲ 二年生草本植物。植株栽培一年后会形成莲座状的叶丛；园艺品种可分为高型和矮型，按照叶形可分为皱叶、不皱叶和深裂叶品种；根系发达；短缩的茎密生有肥厚的叶片；叶片倒卵形，被蜡粉，有波状的皱褶；边缘叶有黄绿色、翠绿色和灰绿色等，中心叶有玫瑰红色、纯白色、淡黄色、紫红色等；总状花序；角果扁圆形；圆球形的种子褐色；花期 4 月。

生长环境

➲ 羽衣甘蓝喜欢光照充足的环境和冷凉的气候，耐寒，耐盐碱，生长适温 20℃ ~ 25℃，适合在富含腐殖质的肥沃沙质壤土或黏质壤土中生长。

繁殖方式

➲ 播种。

应用价值

➲ 羽衣甘蓝的嫩叶可凉拌或做汤食用。羽衣甘蓝观赏品种可用于鲜切花，具有一定的经济价值。

园林绿化

➲ 羽衣甘蓝的叶片颜色鲜艳，叶形多变，植株形如牡丹，栽培容易，观赏期较长，可用于花园、公园、街头、广场、花坛等处的绿化栽植，组成美丽的图案，也可作盆栽观赏。

短缩的茎密生有肥厚的叶片

中心叶有玫瑰红色、淡黄色、紫红色等

油菜

别名： 芸薹、寒菜、胡菜、苦菜、佛佛菜

科属： 十字花科芸薹属

分布： 全国各地广泛分布

形态特征

➲ 一年生草本植物。植株丛生；直立的茎分枝较少，高 30 ~ 90 厘米；基生叶椭圆形，匍匐，长 10 ~ 20 厘米，生有叶柄，旋叠状排列，大头羽状分裂；茎生叶多为互生，下部茎生叶羽状半裂，上部茎生叶披针形，全缘或有枝状的细齿；总状无限花序，着生在主茎或分枝的顶端；花朵黄色，花瓣 4 枚，十字形排列；条形的长角果长 3 ~ 8 厘米，前端有长喙；球形的种子紫褐色、深红色或黑色。

生长环境

➲ 多生长在相对湿润的地方。油菜性喜冷凉的环境，抗寒力较强，适合在疏松、通气、富含有机质的弱酸性或中性土壤中生长。

繁殖方式

➲ 播种。

应用价值

➲ 油菜花含苞未放时可作蔬菜食用。油菜可入药，具有行滞活血、消肿解毒等功效，可用于痈肿疔疮、劳伤吐血、伤风、肠胃痛、神经痛等症的辅助治疗。油菜籽可用于榨油。

园林绿化

➲ 油菜花根系发达，枝叶繁茂，花开时金黄灿烂，可用于公园、庭院、荒坡、花坛、绿化带等处的绿化栽植。

基生叶椭圆形，生有叶柄，旋叠状排列

总状无限花序，花朵黄色，花瓣 4 枚

鸭跖草

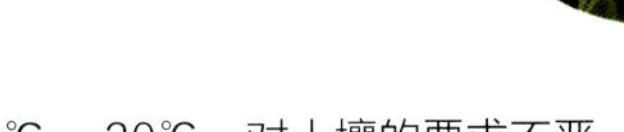

别名：碧竹子、淡竹叶、翠蝴蝶

科属：鸭跖草科鸭跖草属

分布：云南、四川、甘肃以东的南北各地

形态特征

一年生披散草本植物。茎匍匐生根，长可达 1 米，分枝较多，上部被短毛；叶片披针形或卵状披针形，长 3 ~ 9 厘米，宽 1.5 ~ 2 厘米；总苞片佛焰苞状，和叶片对生，伸展后为心形，边缘一般有硬毛；聚伞花序，下面的 1 条枝有 1 朵花，有 8 毫米长的梗；上面的 1 条枝有 3 ~ 4 朵花，有短梗；花梗在果期弯曲；萼片膜质，里面有 2 枚，一般靠近或合生；花瓣深蓝色，里面的 2 枚有爪；蒴果椭圆形；种子棕黄色；花期夏秋季。

生长环境

多生长在各种湿地。鸭跖草喜欢温暖、湿润和半阴的环境，耐旱，忌阳光暴晒，生长适温 20℃ ~ 30℃，对土壤的要求不严。

繁殖方式

播种、分株、扦插。

应用价值

鸭跖草可入药，具有清热、凉血、解毒、消肿、利尿等功效，对感冒、咽喉肿痛、水肿、小便不利、黄疸肝炎、痈疽等症有辅助治疗的作用。

园林绿化

鸭跖草的适应性强，花期较长，可用于荒坡、道路旁、公园、花坛、地被、庭院等处的绿化栽植。

茎分枝较多，叶片披针形或卵状披针形

花瓣深蓝色，里面的 2 枚有爪

聚合草

别名： 肥羊草、友谊草、紫根草、西门肺草

科属： 紫草科聚合草属

分布： 江苏、福建、湖北、四川

形态特征

多年生草本植物。植株高 30 ~ 90 厘米，全株被硬毛和短伏毛；淡紫褐色的根部较发达；茎直立或斜升，有分枝；基生叶稍肉质，一般 50 ~ 80 片，带状披针形、卵状披针形或卵形，长 30 ~ 60 厘米，宽 10 ~ 20 厘米，顶端渐尖；茎中部和上部的叶片较小；花序含花较多；花萼的裂片披针形，顶端渐尖；花冠淡紫色、黄白色或紫红色等，裂片三角形，顶端向外卷；小坚果歪卵形；花期 5 ~ 10 月。

生长环境

多生长在山林地带。聚合草喜欢光照充足的环境，耐阴，耐寒，耐高温，对土壤要求不严，适合在土层深厚、富含有机质、排水良好的土壤中生长。

繁殖方式

播种、分株。

应用价值

聚合草的根茎可入药，具有清热解毒、活血凉血等功效。聚合草不仅营养价值高，产量高，而且适口性好，是优质的畜禽饲料作物。

园林绿化

聚合草的适应性强，耐寒，耐高温，花色多变，花开时繁花似锦，可用于庭院、公园、花园、地被和道路的绿化栽植等，也可作盆栽观赏。

植株高 30 ~ 90 厘米，被硬毛和短伏毛

花冠淡紫色、黄白色或紫红色等，裂片三角形

车轴草

别名： 三叶草、香车叶草

科属： 豆科车轴草属

分布： 东北、华北、西北、华中、华南

形态特征

多年生草本植物。植株高 10 ~ 30 厘米；侧根和须根较发达；茎匍匐蔓生，上部稍向上升；掌状三出复叶；托叶膜质，卵状披针形；小叶倒卵形或近圆形，基部楔形，渐窄到小叶柄，中脉在下面隆起；花序顶生，球形；总花梗有 20 ~ 80 朵花，密集，花长 7 ~ 12 毫米；膜质的苞片披针形；钟形的花萼有 10 条脉纹，萼齿 5 枚，披针形；花冠白色、淡红色或乳黄色；荚果长圆形；花果期 5 ~ 10 月。

生长环境

多生长在湿润的草地、河岸以及道路旁。车轴草喜欢凉爽、湿润的气候，不耐旱，对土壤要求不严，适合在微酸性或盐碱性的土壤中生长。

繁殖方式

播种、分株。

应用价值

全草可入药，具有清热、凉血等功效。花和叶片均有观赏价值。茎叶含有芳香油，可作调和香精的原料。车轴草还是优良的牧草，可作为绿肥。

园林绿化

车轴草的绿色期和花期都比较长，生命力顽强，可用于道路旁、沟边、堤岸护坡保土草坪以及地被的绿化栽植等。

小叶倒卵形或近圆形，基部楔形

花序顶生，球形，花冠白色、淡红色或乳黄色

平车前

别名： 车前草、车茶草

科属： 车前科车前属

分布： 全国大部分地区

形态特征

一年生或二年生草本植物。直根较长，有多数侧根；根茎较短；叶片基生，呈莲座状，平卧、斜展或直立；纸质的叶片椭圆形、椭圆状披针形或卵状披针形，叶柄基部扩大成鞘状；花序梗有纵条纹，生有白色的短柔毛；穗状花序，细圆柱状；花冠白色；雄蕊着生在冠筒内面近顶端，花药宽椭圆形或卵状椭圆形；蒴果卵状椭圆形或圆锥状卵形；花期 5 ~ 7 月，果期 7 ~ 9 月。

生长环境

多生长在海拔 5 ~ 4500 米的草地、河滩、山坡、路旁等处。平车前喜欢湿润的环境，耐干旱，对土壤要求不严，适合在土质疏松的沙质壤土中生长。

繁殖方式

播种。

应用价值

平车前的幼苗和嫩茎可供食用。植株全草和种子均可入药，具有凉血解毒、清热利尿、祛痰、明目等功效，对水肿、痰热咳嗽、痈肿疮毒等症有辅助治疗的作用。

园林绿化

平车前不仅耐寒，还耐干旱，可用于河堤、绿化带、荒坡地被栽植等，也可作盆栽，置于庭院或阳台观赏。

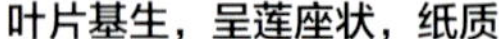

叶片基生，呈莲座状，纸质

穗状花序，细圆柱状

五彩芋

别名： 花叶芋、彩叶芋、两色芋

科属： 天南星科五彩芋属

分布： 广东、福建、云南、台湾

形态特征

多年生常绿草本植物。地下有扁球形的膨大块茎；基生叶盾状箭形或心形，有很多变种，颜色丰富，有红脉镶绿、红脉带斑、红脉绿叶、绿脉红斑等，有的叶片纯白，叶脉绿色或红色，有的叶面绿色，布满了水彩状或油漆状的斑点；叶柄光滑，长 15 ~ 25 厘米；花序柄比叶柄短些；佛焰苞管部卵圆形，外面绿色，内面绿白色，基部多为青紫色；白色的檐部长约 5 厘米；肉穗花序；花期 4 月。

生长环境

五彩芋喜欢高温、高湿的环境，不耐低温，适合在肥沃、疏松和排水良好的黏质土壤中生长。

繁殖方式

分株。

应用价值

五彩芋的根可入药，对跌打损伤有辅助治疗的作用。植株清新典雅，可用作切花的材料，观赏价值和经济价值都较高。

园林绿化

五彩芋的叶片翠绿，美丽而典雅，变种较多，鲜艳夺目，可用于公园、花园、花坛、庭院等处的绿化栽植，还可作盆栽，置于窗边、桌案上、办公室等处观赏。

基生叶盾状箭形或心形，颜色丰富

有红脉镶绿、红脉带斑、绿脉红斑等

红掌

别名： 花烛、红鹅掌、安祖花、火鹤花、红鹤芋

科属： 天南星科花烛属

分布： 全国各地

形态特征

多年生常绿草本植物。由于品种不同，植株一般高达 50 ~ 80 厘米；根肉质，没有茎；鲜绿色的叶片从根里面抽出，长椭圆状心形，叶片单生，有长长的叶柄，叶脉向内凹；花腋生，蜡质的佛焰苞呈鲜红色、橙红肉色或白色，形状为正圆形至卵圆形；肉穗花序，呈直立的圆柱状，顶端黄色，下部白色；花期很长，花朵一年四季都会绽放。

生长环境

红掌多附生在树上或岩石上，喜欢温暖、潮湿、半阴以及排水良好的环境。红掌的生长适温为 14℃ ~ 35℃，忌阳光直射，不耐干旱，适合在保水能力较好的肥沃土壤中生长。

繁殖方式

播种、分株、扦插。

应用价值

红掌的花和鳞茎可以食用。花和鳞茎也可入药，具有清心安神、养阴润肺、止咳祛痰、活血等功效，对疔疮恶肿、失眠多梦、咳嗽等症有辅助治疗的作用。

园林绿化

红掌花朵独特，花期长，属于世界名贵花卉，是开业庆典、婚庆和商务活动等常用的花卉，也可作切花材料，市场需求量较大，观赏价值和经济价值均较高。

植株一般高达 50 ~ 80 厘米

佛焰苞呈鲜红色、橙红肉色或白色

叶片单生，长椭圆状心形

紫芋

别名： 水芋、东南芋、野芋子

科属： 天南星科芋属

分布： 全国各地

形态特征

多年生草本植物。块茎粗厚；侧生小球茎倒卵形，有数枚，表面生有褐色的须根；叶片 1 ~ 5 枚，从块茎的顶部抽出；紫褐色的叶柄圆柱形，向上渐细；深绿色的叶片盾状，卵状箭形，基部有弯缺，侧脉较粗壮，边缘波状；花序柄单一；佛焰苞管部长 4.5 ~ 7.5 厘米，宽 2 ~ 2.7 厘米，有纵棱，紫色或绿色；金黄色的檐部较厚，卷成角状；肉穗花序，两性；花黄色，顶部带有一些紫色；花期 7 ~ 9 月。

生长环境

多生长在湿地和水池里。紫芋生性强健，喜欢光照充足、高温、湿润的环境，也比较耐阴。

繁殖方式

分株。

应用价值

紫芋的块茎、叶柄、花序都可以作为蔬菜食用。块茎和叶可入药，具有散结消肿、清热解毒、祛风等功效，对无名肿毒、荨麻疹、烧烫伤、疔疮、口疮等症有辅助治疗的作用。

园林绿化

紫芋株型饱满，叶片比较大，一般作为水缘的观叶植物，在公园、花园的水池、湖边、池塘或湿地栽植，也可用于盆栽观赏。

叶片 1 ~ 5 枚，从块茎的顶部抽出

叶柄圆柱形，紫褐色

茑萝

别名：茑萝松、密萝松、五角星花、狮子草

科属：旋花科茑萝属

分布：陕西、河南、浙江、福建、广东、四川、云南

形态特征

一年生柔弱缠绕草本植物。单叶互生，叶片长圆形或卵形，长 2 ~ 10 厘米，宽 1 ~ 6 厘米，叶的裂片细长如丝，羽状深裂至中脉，有 10 ~ 18 对平展的细裂片，线形或丝状，裂片顶端较尖锐；花序腋生，由少数花组成聚伞花序；总花梗长 1.5 ~ 10 厘米；花直立；萼片绿色，椭圆形或长圆状匙形，顶端钝且有小凸尖；深红色的花冠高脚碟状；蒴果卵形，有四室，透明；黑褐色的种子卵状长圆形；花期从 7 月上旬至 9 月下旬。

生长环境

多生长在海拔 2500 米以下的地区。茑萝喜欢光照充足、温暖、湿润的环境，不耐寒，对土壤要求不严，适合在肥沃的土壤中生长。

繁殖方式

播种。

应用价值

全株可入药，具有清热、解毒、消肿的功效，对感冒发热、痈疮肿毒等症有辅助治疗的作用。

园林绿化

茑萝的蔓叶纤细，外形优美，花期较长，可用于庭院花架、花篱、阳台、公园、树下栽植，可作地被植物，也可以作为盆栽观赏。

叶片长圆形或卵形，叶的裂片细长如丝

花序腋生，深红色的花冠高脚碟状

马鞭草

别名： 紫顶龙芽草、燕尾草、野荆芥、蜻蜓草

科属： 马鞭草科马鞭草属

分布： 华东、华南和西南地区

形态特征

➲ 多年生草本植物。植株高 30 ~ 120 厘米；四方形的茎近基部可为圆形，节和棱上生有硬毛；叶片卵圆形或倒卵形或长圆状披针形，基生叶的边缘一般会有锯齿和缺刻，茎生叶多为 3 深裂，裂片边缘有锯齿；穗状花序，顶生和腋生，花朵较小，开始时较密集，结果时变得稀疏；苞片生有硬毛；花萼有 5 脉；花冠淡紫色或蓝色，裂片 5 枚；果实长圆形；花期 6 ~ 8 月，果期 7 ~ 10 月。

生长环境

➲ 多生长在低至高海拔的山坡、道路旁、溪边或林缘地带。马鞭草喜欢干燥、光照充足的环境，适合在肥沃、土层深厚的土壤和沙质壤土中生长。

繁殖方式

➲ 播种、分株。

应用价值

➲ 全草可入药，具有清热、解毒、凉血、散瘀、通经、消胀等功效，对感冒发热、咽喉肿痛、痛经、小便不利、痈疮肿毒、跌打损伤等症有辅助治疗的作用。

园林绿化

➲ 马鞭草具有生长速度快、耐涝、耐旱、耐贫瘠的特征，花期较长，可用于护堤、护坡、公路边、绿化带栽植等。

基生叶的边缘有锯齿和缺刻

穗状花序，顶生和腋生，花冠淡紫色或蓝色

鱼腥草

别名：狗心草、狗点耳、折耳根

科属：三白草科蕺菜属

分布：中部、东南、西南地区

形态特征

多年生草本植物。植株高 15 ~ 50 厘米；茎扁圆柱形，扭曲状，有几条纵棱，茎下部伏在地面；叶片心形或阔卵形，互生，长 3 ~ 8 厘米，宽 4 ~ 6 厘米，前端逐渐尖锐，下面紫红色；托叶条形；穗状花序，呈黄棕色，生在茎的顶部，和叶片对生，基部有 4 枚白色的苞片，花瓣状；花朵较小，有 1 个线状的小花苞；卵圆形的蒴果顶端开裂；花期 5 ~ 8 月，果期 7 ~ 10 月。

生长环境

多生长在阴冷潮湿的山区、溪边、林下湿地等处。鱼腥草喜欢温暖、潮湿的环境，适合在肥沃的沙质壤土或腐殖质土壤中生长。

繁殖方式

播种、扦插、分株。

应用价值

鱼腥草的嫩根、嫩茎叶可作为蔬菜食用。鱼腥草可入药，具有清热解毒、健胃、消肿、利尿除湿等功效，对疮疡肿毒、痔疮便血、脾胃积热等症有辅助治疗的作用。此外，鱼腥草还可用于茶饮等。

园林绿化

鱼腥草生性强健，叶片茂盛，可用于庭院、地被、公园、溪沟旁或潮湿的疏林下等处的绿化栽植。

穗状花序，生在茎的顶部，基部有 4 枚白色的苞片

叶片心形或阔卵形，互生

地肤

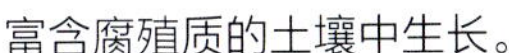

别名： 地麦、落帚、扫帚苗、扫帚菜、绿帚、观音菜

科属： 藜科地肤属

分布： 全国大部分地区

形态特征

一年生草本植物。植株高 50 ~ 100 厘米；圆柱形的茎直立生长，淡绿色或带紫红色，有多条棱；分枝较少；叶片披针形或条状披针形，长 2 ~ 5 厘米，宽 3 ~ 9 毫米，前端逐渐变尖锐，一般有 3 条明显的主脉，边缘有锈色的缘毛；花两性或雌性，一般会有 1 ~ 3 个生长在上部的叶腋，成圆锥状花序；淡绿色的花被近球形，花被裂片近三角形；胞果扁球形；黑褐色的种子卵形；花期 6 ~ 9 月，果期 7 ~ 10 月。

生长环境

地肤的适应性较强，喜欢温暖和光照充足的环境，耐干旱，对土壤要求不严格，适合在疏松、肥沃、富含腐殖质的土壤中生长。

繁殖方式

播种。

应用价值

地肤的嫩茎叶可供食用。果实可入药，具有利小便、清湿热等功效，对小便不利、淋病、疮毒、疥癣等症有辅助治疗的作用。老株可用作扫帚。

园林绿化

地肤植株呈球形，株型优美，枝叶秀丽，可用于布置花篱、花境、花坛或道路两旁的绿化，也可作盆栽装饰大厅、会场等处。

植株高 50 ~ 100 厘米

叶片披针形或条状披针形，边缘有锈色的缘毛

马齿苋

别名： 马苋、麻绳菜、五行草、瓜子菜、长命菜、五方草

科属： 马齿苋科马齿苋属

分布： 全国各地

形态特征

一年生草本植物。茎呈圆柱形，淡绿色或带一些暗红色，分枝较多，长 10 ~ 15 厘米；肥厚的叶片多为互生，有时近对生，呈倒卵形，和马齿相似；叶柄粗且短；花无梗，常 3~5 朵簇生于枝端；苞片呈叶状，近轮生；绿色的萼片呈盔形，对生，背部有龙骨状的凸起；花黄色，花瓣 5 枚，稀 4 枚，倒卵形；蒴果卵球形；花期 5 ~ 8 月，果期 6 ~ 9 月。

生长环境

多生长在菜园、田埂、沟边、道路旁和各种旱地。马齿苋耐旱，生存能力强，生长适温 20℃ ~ 30℃，适合在中性和弱酸性土壤中生长。

繁殖方式

播种、压条、扦插。

应用价值

马齿苋的嫩茎叶可以作为蔬菜，生食或做熟后食用都可以，也可作为饲料。全草可入药，具有清热利湿、凉血止血、解毒消肿、健胃、消炎、止渴、利尿等功效，对热痢脓血、带下病、恶疮等症有辅助治疗的作用。

园林绿化

马齿苋耐干旱，生存能力较强，可用于荒坡、庭院、道路的绿化栽植或地被植物等，也可作盆栽观赏。

叶肥厚，倒卵形，多互生，有时近对生

花黄色，花瓣 5 枚，稀 4 枚，倒卵形

半支莲

别名：太阳花、松叶牡丹、金丝杜鹃、洋马齿苋

科属：马齿苋科马齿苋属

分布：全国各地

形态特征

一年生草本植物。植株高 10 ~ 30 厘米；紫红色的茎平卧或斜升，分枝较多；细圆柱形的叶片互生，在枝端密集；花朵直径 2.5 ~ 4 厘米，单生或数朵簇生在枝端，白天开放，夜间闭合；叶状的总苞 8 ~ 9 枚，轮生，有白色的长柔毛；萼片淡黄绿色，2 枚，卵状三角形；花瓣倒卵形，5 枚或重瓣，紫色、红色或黄白色，顶端微凹，长 12 ~ 30 毫米；蒴果近椭圆形；花期 6 ~ 9 月，果期 8 ~ 11 月。

生长环境

多生长在山坡、田野等地。半支莲喜欢温暖、光照充足的环境，不耐阴，耐瘠薄，对土壤要求不严，适合在排水良好的沙质土壤中生长。

繁殖方式

播种、扦插、分株。

应用价值

全草可入药，具有清热解毒、散瘀止痛等功效，对咽喉肿痛、跌打损伤、疮疖肿毒等症有辅助治疗的作用。

园林绿化

耐贫瘠，品种较多，花色较多，可用于公园、庭院、花坛等处的绿化栽植，也可作盆栽放在窗台观赏。

细圆柱形的叶片互生，在枝端密集

花瓣紫色、红色或黄白色

花瓣倒卵形，5 枚或重瓣

芭蕉

别名：芭蕉根、芭蕉头、板蕉、大头芭蕉

科属：芭蕉科芭蕉属

分布：湖南、广东、海南、上海、广西、浙江、湖北、云南、陕西

形态特征

多年生常绿大型草本植物。植株高 2.5 ~ 4 米；长圆形的叶片长 2 ~ 3 米，宽 25 ~ 30 厘米，叶面鲜绿色，前端较钝，基部圆形或不对称；粗壮的叶柄长约 30 厘米；花序顶生，下垂；苞片紫色或红褐色；雄花在花序上部着生，雌花在花序下部着生；雌花在苞片内约有 10 ~ 16 朵，排成两列；合生花被片长 4 ~ 4.5 厘米，有五齿裂；长圆形的浆果三棱状，有 3 ~ 5 道棱。

生长环境

多生长在海拔 500 ~ 800 米的河谷、村边、山坡、林缘等处。芭蕉喜欢温暖的环境，耐半阴，适合在土层深厚、疏松肥沃、排水良好的土壤中生长。

繁殖方式

分株。

应用价值

芭蕉果实可食用。其根、叶、花均可入药，具有清热利尿、解毒、平肝等功效，对水肿、血淋、黄疸、痈肿热毒、胸膈饱胀、头目昏眩等症有辅助治疗的作用。

园林绿化

芭蕉适应性较强，生长速度快，植株清雅秀丽，可用于庭前屋后、窗前、院落、植物园、公园等处的绿化栽植，也可作盆栽观赏。

叶片长圆形，叶面鲜绿色，前端较钝

长圆形的浆果三棱状，有 3 ~ 5 道棱

第二章

藤本植物

藤本植物的植物体细长，依附别的植物或支持物，缠绕或攀缘向上生长，可分为木质藤本和草质藤本。有些藤本植物失去支撑物以后，可能会成长为灌木。藤本植物分布较广泛，在园林造景中比较常用，充分利用攀缘植物，进行垂直绿化，不仅可以扩大绿化空间，还能提高整体的绿化水平，改善生态环境。

鸡矢藤

别名： 鸡屎藤、牛皮冻、臭藤

科属： 茜草科鸡矢藤属

分布： 黄河以南大部分地区

形态特征

➲ 多年生草质藤本植物。扁圆柱形的茎稍扭曲，直径 3 ~ 12 毫米，基部木质，分枝较多，黑褐色嫩茎直径 1 ~ 3 毫米；纸质的叶片对生，宽卵形或长圆状披针形，长 5 ~ 15 厘米，两面没有毛或下面稍被短柔毛；聚伞花序，顶生或腋生；花冠淡紫色，花冠筒长 7 ~ 10 毫米，前端有 5 裂，镊合状排列，内面红紫色，被粉状的柔毛；球形的浆果直径 5 ~ 7 毫米，成熟时草黄色；花期 7 ~ 8 月，果期 9 ~ 10 月。

生长环境

➲ 多生长在海拔 200 ~ 2000 米的山坡、河塘边、溪流旁、林下和灌木林中。鸡矢藤喜欢温暖、湿润的环境，适合在肥沃、深厚、湿润的沙质壤土中生长。

繁殖方式

➲ 播种、扦插。

应用价值

➲ 全草可入药，具有祛风利湿、止咳止痛、健胃、解毒消肿等功效，对风湿痹痛、肺痨咯血、消化不良、跌打损伤、疮疡肿毒等症有辅助治疗的作用。

园林绿化

➲ 鸡矢藤生性强健，容易栽培，枝叶繁茂，花期较长，可用于果园、花园、庭院等处的绿化栽植。

聚伞花序，花冠淡紫色，前端有 5 裂

纸质的叶片对生，宽卵形或长圆状披针形

北五味子

别名： 山花椒、乌梅子

科属： 木兰科五味子属

分布： 东北、华北及山西、宁夏、山东

形态特征

多年生落叶木质藤本植物。植株高一般可达 8 厘米，茎幼时紫红色，老枝灰褐色，缠绕生长；单叶宽椭圆形或长卵形，互生，长 5 ~ 9 厘米，网脉在表面向下凹，背面凸起；花较小，雌雄异株，单生在叶腋；花梗细长；花冠白色或粉红色，花瓣 6 ~ 9 枚，分成两轮排列；浆果近球形，成熟时艳红色，直径约 1 厘米；种子肾形；花期 5 ~ 6 月，果期 8 ~ 9 月。

生长环境

多生长在山谷、沟边、溪旁、山坡、林下等处。北五味子喜欢凉爽、湿润的环境，适合在疏松肥沃、排水良好、土层深厚的壤土或沙质壤土中生长。

繁殖方式

播种、扦插。

应用价值

北五味子可入药，具有敛肺止咳、益气生津、补肾宁心等功效，对久咳不愈、久泻不止、心悸失眠、自汗盗汗等症有辅助治疗的作用。北五味子的市场潜力大，经济价值较高。

园林绿化

北五味子果实鲜红，花朵芳香，花期较长，可用于棚架花、篱笆、墙垣等处的绿化，还可作盆栽观赏。

单叶互生，宽椭圆形或长卵形

浆果近球形，成熟时艳红色

百香果

别名： 西番莲果、热情果、西番果、鸡蛋果

科属： 西番莲科西番莲属

分布： 广西、海南、广东、福建、云南、台湾

形态特征

草质藤本植物。藤长约 6 米；茎上有细的纵纹；纸质的叶片长 6 ~ 13 厘米，掌状 3 深裂，裂片边缘有细锯齿；聚伞花序，只余下 1 朵花，和卷须对生；花朵直径约 4 厘米；花梗长 4 ~ 4.5 厘米；绿色的苞片宽卵形或菱形，长 1 ~ 1.2 厘米，边缘有细锯齿；萼片 5 枚，外面绿色，内面绿白色，长 2.5 ~ 3 厘米；花瓣 5 枚，和萼片等长；卵球形的浆果直径 3 ~ 4 厘米，成熟时紫色；花期 6 月，果期 11 月。

生长环境

多生长在海拔 180 ~ 1900 米的山谷丛林中。百香果喜欢光照充足、气候温和的环境，生长适温 20℃ ~ 30℃，适合在松软、土层深厚、排水良好的土坡生长。

繁殖方式

播种、扦插。

应用价值

百香果的果实可食用或制成饮料。根、茎、叶均可入药，有镇静止痛、活血强身、滋阴补肾、降脂减压等作用。种子榨油可供食用、制皂等。

园林绿化

百香果花枝繁茂，叶形奇特，花色鲜艳，四季常绿，可用于果园、花园、庭院的绿化栽植等，也可作盆栽观赏。

花瓣 5 枚，和萼片等长

纸质的叶片长 6 ~ 13 厘米，掌状 3 深裂

浆果卵球形

浆果直径 3 ~ 4 厘米，成熟时紫色

藤长约 6 米，茎上有细的纵纹

天门冬

别名：三百棒、武竹、丝冬、天冬草、明天冬

科属：百合科天门冬属

分布：华东、中南、河北、河南、陕西、山西、四川、贵州

形态特征

多年生草质藤本植物。根在中部或接近末端的地方膨大成纺锤状；茎光滑，长达 1 ~ 2 米，经常弯曲，分枝有棱或狭长形的翅；叶状枝一般每 3 枚结成簇，长 0.5 ~ 8 厘米，宽 1 ~ 2 毫米，扁而平或稍呈锐三棱形，茎上面的鳞片状的叶基部延伸为硬刺，长 2.5 ~ 3.5 毫米，分枝上生的刺较短；花色淡绿，一般每 2 朵腋生；浆果直径 6 ~ 7 毫米，成熟时为红色；花期 5 ~ 6 月，果期 8 ~ 10 月。

生长环境

多生长在海拔 1750 米以下的山坡、路旁、山谷或荒地。天门冬喜欢温暖的环境，耐干旱，适合在疏松肥沃、湿润和排水良好的沙质壤土中生长。

繁殖方式

播种、分株。

应用价值

天门冬的块根可入药，具有滋阴、润燥、清火、止咳等功效，对阴虚发热、咳嗽吐血、肺痈、咽喉肿痛、便秘、小便不利等症有辅助治疗的作用。

园林绿化

天门冬枝叶翠绿茂盛，耐干旱，可以用来进行道路、公园、河堤、荒坡的绿化栽植等，也可作盆栽，放在阳台、客厅等处观赏。

茎光滑，分枝有棱或狭长形的翅

花色淡绿，一般每 2 朵腋生

叶状枝一般每 3 枚结成簇

爬山虎

别名： 捆石龙、红丝草、巴山虎、爬墙虎、地锦

科属： 葡萄科地锦属

分布： 河南、辽宁、山西、山东、浙江、湖南、广东

形态特征

➲ 落叶木质藤本植物。藤茎的长度可达 18 米；枝条粗壮，幼枝紫红色，老枝灰褐色；枝条上的卷须较短；叶片绿色，秋季变为鲜红色，互生，小叶肥厚，基部楔形，边缘有较粗的锯齿，叶片和叶脉对称；花枝上的叶片宽卵形，一般 3 裂，或下部枝上的叶片分裂成 3 个小叶；聚伞花序，多着生在两枚叶片间的短枝上；花萼全缘；浆果成熟时蓝黑色；花期 6 月，果期 9 ~ 10 月。

生长环境

➲ 多生长在岩石、大树、墙壁和坡地上。爬山虎的适应性强，喜欢阴湿的环境，耐干旱，耐贫瘠，对土壤要求不严，适合在肥沃、阴湿的土壤中生长。

繁殖方式

➲ 播种、扦插、压条。

应用价值

➲ 爬山虎的果实可酿酒。根、茎可入药，具有祛风通络、止血、消肿毒等功效，对风湿关节痛、跌打损伤等症有辅助治疗的作用。

园林绿化

➲ 爬山虎对环境的适应性较强，生长速度较快，覆盖的区域较大，枝繁叶茂，可用于庭院、墙壁、花园入口、公园山石、景区、桥头等处的绿化栽植。

藤茎的长度可达 18 米，枝条粗壮

叶片绿色，秋季变为鲜红色，互生

软枣猕猴桃

别名： 软枣子

科属： 猕猴桃科猕猴桃属

分布： 全国各地

形态特征

➲ 大型落叶藤本植物。小枝基本没有毛，隔年枝灰褐色；叶片膜质或纸质，卵形、阔卵形或近圆形，长 6 ~ 12 厘米，腹面深绿色，背面绿色，叶缘生有密齿；叶柄稍被卷曲的柔毛或无毛；花序腋生或腋外生，有 1 ~ 7 朵花；花冠绿白色或黄绿色；萼片 4 ~ 6 枚，卵圆形或长圆形；花瓣 4 ~ 6 枚，瓢状倒阔卵形或楔状倒卵形；浆果圆球形或长椭圆形，成熟时绿黄色或紫红色；花期 6 ~ 7 月，果期 8 ~ 9 月。

生长环境

➲ 多生长在背阴山坡的针阔混交林、杂木林或向阳的坡地。软枣猕猴桃喜欢凉爽、湿润的环境，

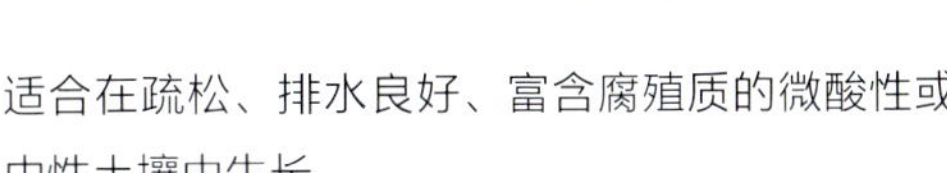

适合在疏松、排水良好、富含腐殖质的微酸性或中性土壤中生长。

繁殖方式

➲ 扦插、嫁接。

应用价值

➲ 软枣猕猴桃的果实可生食，也可用来制作果汁、果酱、蜜饯、罐头、酿酒等。果实可入药，具有解热、滋补、强身、生津润肺等功效。

园林绿化

➲ 软枣猕猴桃根系发达，果实翠绿，清香，可用于荒山、藤架、假山、庭院等处的绿化栽植，也可作盆栽观赏。

花瓣 4 ~ 6 枚，瓢状倒阔卵形或楔状倒卵形

叶片卵形、阔卵形或近圆形，腹面深绿色

浆果圆球形或长椭圆形

小枝基本没有毛

叶柄稍被卷曲的柔毛或无毛

三叶木通

别名： 八月瓜藤、三叶拿藤、八月瓜、八月楂

科属： 木通科木通属

分布： 华北至长江流域各地和华南、西南地区

形态特征

落叶木质藤本。茎皮灰褐色；掌状复叶，互生或在短枝上簇生；叶柄长 7 ~ 11 厘米；小叶 3 枚，纸质或薄革质，卵形或阔卵形，顶端通常钝或略凹入，边缘有波状齿或浅裂，上面深绿色，下面浅绿色；总状花序，从短枝上簇生的叶片中抽出，下部有 1 ~ 2 朵雌花，以上约有 15 ~ 30 朵雄花；紫褐色的萼片 3 枚，近圆形；果实长圆形，直或稍弯；花期 4 ~ 5 月，果期 7 ~ 8 月。

生长环境

多生长在海拔 250 ~ 2500 米的山地、沟谷边的疏林、丘陵灌丛、溪边等地。三叶木通喜欢阴湿的环境，适合在富含腐殖质的黄壤土中生长。

繁殖方式

播种、压条。

应用价值

三叶木通的果实可食用。其根、茎、叶和果实均可入药，具有止咳、调经、补虚、疏肝健脾等功效，对消化不良、腰痛、肝胃气痛、妇女闭经、痛经等症有辅助治疗的作用。

园林绿化

三叶木通株丛整齐，花色淡雅，可用于庭院、公园、旅游景区、铁路两侧、高速公路两侧、城市道路的垂直绿化。

小叶 3 枚，纸质或薄革质，卵形或阔卵形

总状花序，从短枝上簇生的叶片中抽出

铁线莲

别名： 铁线牡丹、威灵仙、番莲、金包银

科属： 毛茛科铁线莲属

分布： 长江流域和华南地区

形态特征

➲ 落叶或常绿草质藤本。长约 1 ~ 2 米；棕色或紫红色的茎有六条纵纹；二回三出复叶，小叶片狭卵形或披针形，基部阔楔形或圆形；花朵单生在叶腋，花白色、蓝色、紫色、粉红色等；花朵开展，直径约 5 厘米；花梗中下部生有一对叶状的苞片，苞片宽卵圆形或卵状三角形，被黄色的柔毛；萼片白色，6 枚，匙形或倒卵圆形；瘦果倒卵形；花期 1 ~ 2 月，果期 3 ~ 4 月。

生长环境

➲ 多生长在低山区的丘陵灌丛、山谷、道路旁和小溪边。铁线莲喜欢光照充足和冷凉的环境，适合在肥沃、排水良好的碱性壤土中生长。

繁殖方式

➲ 播种、压条、嫁接、分株、扦插。

应用价值

➲ 铁线莲的根和全草可入药，具有利尿、理气通便、活血止痛等功效，对小便不利、便秘、腹胀、关节肿痛等症有辅助治疗的作用。

园林绿化

➲ 铁线莲的花形、花色丰富多样，花朵美丽繁茂，可用于庭院、墙面、花架、棚架、栅栏、拱门等处的绿化栽植。

小叶片狭卵形或披针形

花白色、蓝色、紫色等

紫藤

别名：藤萝、黄环、朱藤、招藤、招豆藤

科属：豆科紫藤属

分布：全国各地

形态特征

◎ 落叶攀缘缠绕性大藤本植物。茎向右旋，枝条粗壮，嫩枝被白色的柔毛；奇数羽状复叶，长 15 ~ 25 厘米；纸质的小叶 3 ~ 6 对，卵状椭圆形或卵状披针形，顶端渐尖至尾尖，基部钝圆或楔形等；总状花序，发自短枝的腋芽或顶芽；苞片披针形；花长 2 ~ 2.5 厘米；花萼杯状，上方的 2 齿较钝，下方的 3 齿卵状三角形；花冠紫色；倒披针形的荚果密被茸毛；花期 4 ~ 5 月，果期 5 ~ 8 月。

生长环境

◎ 紫藤对气候和土壤的适应性强，对土壤要求不严，喜欢光照充足的环境，适合在土层深厚、排水良好的土壤中生长。

繁殖方式

◎ 播种、扦插、压条、嫁接。

应用价值

◎ 紫藤的花朵可凉拌或制成紫萝饼等面食食用。紫藤花可提炼芳香油，并且有解毒、止泻的功效，种子可入药，对筋骨疼痛等症有辅助治疗的作用。

园林绿化

◎ 紫藤的生长速度较快，紫穗垂落，充满情趣，可用于公园和花园的棚架、湖畔、池边、假山等处栽植，也可用于盆栽观赏。

纸质的小叶 3 ~ 6 对

花长 2 ~ 2.5 厘米

叶片卵状椭圆形或卵状披针形

枝条粗壮，嫩枝被白色的柔毛

总状花序，发自短枝的腋芽或顶芽，花冠紫色

葛

别名： 葛藤、野葛、甘葛

科属： 豆科葛属

分布： 除新疆、青海和西藏以外的全国各地

形态特征

多年生草质藤本植物。藤长可达 8 米，茎基部有粗厚的块状根；羽状复叶，有 3 枚小叶，小叶 3 裂，有时全缘，顶生小叶斜卵形或宽卵形，前端长渐尖；总状花序，中部以上有稍密集的花朵；苞片线状披针形或线形；花 2 ~ 3 朵，在花序轴的节上聚生；钟形的花萼被黄褐色的柔毛，裂片披针形；花冠紫色，旗瓣倒卵形；荚果长椭圆形；花期 9 ~ 10 月，果期 11 ~ 12 月。

生长环境

多生长在海拔 1700 米以下比较温暖潮湿的坡地、沟谷、向阳的灌木丛中。葛适应性较强，适合在深厚、疏松、富含腐殖质的沙质壤土中生长。

繁殖方式

播种、压条、扦插。

应用价值

葛根粉可食用。葛根、藤茎、叶、花、种子等均可入药，具有生津止渴、通经活络、升阳止泻等功效，对外感发热头痛、消渴、伤寒、高血压等症有辅助治疗的作用。

园林绿化

葛对环境的适应性较强，是一种良好的水土保持植物，可用于河堤、荒坡、公园、庭院等处的绿化栽植。

羽状复叶，有 3 枚小叶，小叶 3 裂，有时全缘

总状花序，中部以上有稍密集的花朵

炮仗花

别名：鞭炮花、黄鳝藤

科属：紫葳科炮仗藤属

分布：广东、海南、广西、福建、台湾、云南

形态特征

➲ 常绿木质大藤本植物。有三叉丝状的卷须；叶片对生，小叶卵形，2 ~ 3 枚，顶端渐尖，基部近圆形，长 4 ~ 10 厘米，宽 3 ~ 5 厘米，上下两面没有毛，下面有腺穴，全缘；小叶柄长 5 ~ 20 毫米；圆锥花序，着生在侧枝的顶端；钟状的花萼有 5 枚小齿；筒状的花冠橙红色，基部收缩，有 5 枚长椭圆形的裂片，花蕾时为镊合状排列，花开后反折，边缘被白色的短柔毛；革质的果瓣舟状；花期 1 ~ 6 月。

生长环境

➲ 炮仗花喜欢向阳、湿润的环境，不耐寒，适合在排水良好、富含有机质的酸性土壤中生长。

繁殖方式

➲ 压条、扦插。

应用价值

➲ 炮仗花的花和叶片可入药，具有清热利咽、润肺止咳等功效，对咽喉肿痛等症有辅助治疗的作用。炮仗花是重要的攀缘花木，观赏价值和经济价值较高。

园林绿化

➲ 炮仗花生长速度快，花色鲜艳，可用于庭院、公园、棚架、花门、露天餐厅等处的垂直绿化，其矮化品种可作盆花栽植。

圆锥花序，筒状的花冠橙红色

叶片对生，小叶卵形，2 ~ 3 枚

打碗花

别名：打碗碗花、喇叭花、小旋花、面根藤、斧子苗

科属：旋花科打碗花属

分布：全国各地

形态特征

多年生草质藤本植物。植株一般矮小，多从基部开始分枝，有白色的根；茎平卧，有细棱；基部的叶片长圆形，顶端较圆，上部叶片3裂，中裂片长圆状披针形或长圆形；叶片基部心形或戟形；花朵腋生，花梗比叶柄要长；苞片宽卵形；长圆形的萼片顶端较钝，有小的尖头，内萼片较短；钟状的花冠淡红色或淡紫色；蒴果卵球形；华北地区花期7～9月，果期8～10月。

生长环境

多生长在海拔100～3500米的农田、平原、坡地和道路两旁。打碗花喜欢温和湿润的环境，耐恶劣的环境，适合在沙质土壤中生长。

繁殖方式

播种。

应用价值

打碗花的嫩茎叶可作蔬菜食用。其根状茎和花均可入药，具有健脾益气、利尿、调经止带等功效，对脾虚、消化不良、月经不调、疥疮等症有辅助治疗的作用。

园林绿化

打碗花的习性强健，有较强的群生能力，多用于园林美化，可用于公园、花园、道路旁、林下、庭院、绿篱、草坪和地被栽植等。

花朵腋生，钟状的花冠淡红色或淡紫色

上部叶片3裂，中裂片长圆形等

牵牛花

别名：牵牛、喇叭花、筋角拉子、大牵牛花、勤娘子

科属：旋花科牵牛属

分布：全国各地

形态特征

➲ 一年生草质藤本植物。蔓生茎长约 3 ~ 4 米；茎上被倒向的短柔毛，杂有长硬毛；叶片宽卵形或近圆形，多为深或浅的 3 裂，长 4 ~ 15 厘米，宽 4.5 ~ 14 厘米，基部心形，中裂片长圆形或卵圆形，渐尖或骤尖，侧裂片三角形；花朵腋生，单一或一般两朵着生在花序梗顶；苞片线形或叶状，被微硬毛；小苞片线形；萼片长 2 ~ 2.5 厘米，披针状线形；花冠漏斗状，蓝紫色或紫红色，花冠管色淡；蒴果近球形。

生长环境

➲ 多生长在海拔 100 ~ 1600 米的灌丛、河谷、路边、山坡等地。牵牛花喜欢光照充足、通风适度的环境，对土壤要求不严，较耐干旱和盐碱。

繁殖方式

➲ 播种。

应用价值

➲ 牵牛花的种子可入药，具有利尿、消肿、泻下、驱虫等功效，对肢体水肿、肾炎水肿、肝硬化腹水、便秘等症有辅助治疗的作用。

园林绿化

➲ 牵牛花生性强健，花色鲜艳，枝条缠绕，可用于花园、公园、庭院、窗前、小型棚架、篱垣的绿化栽植，也可作地被植物。

花冠漏斗状，蓝紫色或紫红色

叶片宽卵形或近圆形，多为深或浅的 3 裂

忍冬

别名：金银花、金银藤、银藤、二宝藤、子风藤

科属：忍冬科忍冬属

分布：全国大部分地区

形态特征

半常绿藤本植物。幼枝被黄褐色的糙毛、腺毛和短柔毛；纸质的叶片多为卵形至矩圆状卵形，或卵状披针形，顶端尖或渐尖，基部圆形或近心形，上面深绿色，下面淡绿色；叶柄密被短柔毛；总花梗一般单生在小枝上部的叶腋；叶状的苞片卵形或椭圆形；小苞片顶端圆形或截形；萼齿长三角形或卵状三角形；唇形的花冠白色，后变黄色；果实圆形，成熟时蓝黑色；花期 4 ~ 6 月，果期 10 ~ 11 月。

生长环境

忍冬喜欢光照充足的环境，适应性强，耐寒，耐干旱，适合在土层较厚的沙质土壤中生长。

繁殖方式

扦插。

应用价值

忍冬的茎叶具有清热解毒、消炎、通络等功效，对热毒血痢、痈肿疮毒、筋骨疼痛等症有辅助治疗的作用。忍冬花茶有清热解毒、疏散风热、消暑除烦的功效。

园林绿化

忍冬生性强健，适应性强，花期较长，可用于坡地、公园、花园的绿篱以及院墙、阳台、花架等处的绿化栽植，也可作地被材料。

叶片纸质，多为卵形至矩圆状卵形

总花梗一般单生在小枝上部的叶腋

常春藤

别名： 土鼓藤、钻天风、散骨风、枫荷梨藤

科属： 五加科常春藤属

分布： 陕西、甘肃、黄河流域以南至华南和西南

形态特征

多年生常绿攀缘灌木，常绿木质藤本植物。藤长 3 ~ 20 米；茎黑棕色或灰棕色，细嫩的枝条被柔毛；单叶互生；叶片二型；叶片三角状卵形或戟形，全缘或 3 裂；花枝上的叶片多为椭圆状披针形或披针形等，叶片上表面深绿色，下面淡黄绿色或淡绿色；伞形花序，单朵顶生或 2 ~ 7 个总状排列或伞房状排列成圆锥花序，有花 5 ~ 40 朵；花瓣 5 枚，三角状卵形，淡黄白色或淡绿白色；果实红色或黄色；花期 9 ~ 11 月，果期次年 3 ~ 5 月。

生长环境

多生长在林缘树木、林下、岩石等处。常春藤喜欢温暖、湿润的环境，不耐寒，对土壤要求不严，适合在疏松、肥沃的湿润土壤中生长。

繁殖方式

扦插、压条。

应用价值

全株可入药，具有平肝解毒、祛风利湿、活血消肿的功效，对湿疹、跌打损伤、腰腿疼、风湿性关节炎等症有辅助治疗的作用。

园林绿化

常春藤的叶形比较美丽，四季常青，可用于花园、公园假山、庭院、墙根等处的绿化栽植，也可作盆栽观赏。

单叶互生，叶片三角状卵形或戟形

细嫩的枝条被柔毛

第三章

灌木植物

灌木植物是指那些比较矮小的木本植物，高度在 6 米以下，一般丛生，没有明显的主干，可分为观花、观果、观叶等几类。常见的灌木植物有玫瑰、连翘、杜鹃、牡丹、小檗、迎春、黄杨、月季、茉莉等。灌木植物喜欢光照，耐寒冷、干旱和瘠薄，许多小巧的灌木植物多作为园艺植物进行栽培，用于园林绿化。

海仙花

别名： 朝鲜锦带、临界海棠、花关门、柴门关柴

科属： 忍冬科锦带花属

分布： 华北、华东、华中地区

形态特征

➲ 落叶灌木。叶片倒卵状椭圆形或倒披针形，长 4 ~ 10 厘米，宽 1.2 ~ 5 厘米，前端圆钝，基部狭窄，边缘生有三角形的小牙齿；叶柄较短，与叶片长度相近；直立的花葶高 20 ~ 45 厘米，伞形花序，2 ~ 6 轮，每轮有 3 ~ 10 朵花；苞片线状披针形，长 5 ~ 10 毫米；花梗长 1 ~ 2 厘米；花萼杯状，裂片长圆形或三角形，前端稍钝；花冠紫红色或深红色，冠筒口周围呈黄色，裂片倒心形；花期 5 ~ 7 月，果期 9 ~ 10 月。

生长环境

➲ 海仙花喜欢光照充足的环境，耐阴，耐寒，对环境的适应性强，对土壤要求不严，适合在深厚、排水良好、富含腐殖质的土壤中生长。

繁殖方式

➲ 播种、扦插、压条、分株。

应用价值

➲ 全株可入药，具有清热、解毒等功效，对肺热咳嗽、便血、砂眼、结膜炎等症有辅助治疗的作用。

园林绿化

➲ 海仙花生长快速，枝叶茂密，花色艳丽，花期较长，可用于花园、花坛、庭院、湖畔、树丛林缘、假山、坡地等处的绿化栽植。

叶片倒卵状椭圆形或倒披针形

花冠紫红色或深红色，裂片倒心形

藤本月季

别名： 藤蔓月季、爬藤月季、藤和平

科属： 蔷薇科蔷薇属

分布： 全国各地

形态特征

落叶灌木。植株较高大，柔软细长的干茎藤木状或蔓状；短茎的品种枝长 1 米，长茎的品种可达 5 米，茎上生有尖刺，以茎上的刺或蔓攀缘生长；单数羽状复叶，叶片互生，小且薄，5 ~ 9 枚，一般有 5 枚边缘有细齿的卵形小叶；花朵单生、聚生或簇生，花色有红色、黄色、粉色、白色、橙色、紫色等，花形有杯状、球状、盘状等，花期较长，可以四季开花，有浓烈的香味。

生长环境

藤本月季喜欢光照充足、空气流通的环境，适应性强，耐寒，耐干旱，对土壤要求不严，适合在疏松、肥沃、排水良好的湿润土壤中生长。

繁殖方式

扦插、嫁接。

应用价值

藤本月季的花朵较大，花团锦簇，是名贵的观赏植物，可大量栽植，也可作切花材料，观赏价值和经济价值都较高。

园林绿化

藤本月季耐干旱，耐寒，花色鲜艳，花头众多，可用于公园、花园、棚架、庭院、阳台等处的绿化栽植，能形成花球、花墙、拱门形等景观。

花形有杯状、球状、盘状等

花朵单生、聚生或簇生

茎上生有尖刺

单数羽状复叶，叶片互生，5 ~ 9 枚

花色有红色、粉色、橙色、紫色等

枇杷

别名：芦橘、金丸、炎果、芦枝

科属：蔷薇科枇杷属

分布：甘肃、陕西、河南、江西、湖北、云南、广西、福建

形态特征

常绿灌木或小乔木。植株高可达 10 米；粗壮的小枝黄褐色；革质的叶片披针形、倒卵形、倒披针形或椭圆长圆形，前端急尖或渐尖，上部边缘有稀疏的锯齿，基部全缘；圆锥花序，顶生，花较多；总花梗和花梗密生茸毛；苞片钻形；花直径 12 ~ 20 毫米；萼筒浅杯状，萼片三角卵形，前端急尖；白色的花瓣长圆形或卵形，基部有爪；果实黄色或橘红色，长圆形或球形；花期 10 ~ 12 月，果期 5 ~ 6 月。

生长环境

枇杷喜欢温暖、光照充足的环境，稍耐阴，不耐严寒，对土壤要求不严，适合在疏松、肥沃、排水良好的土壤中生长。

繁殖方式

播种、嫁接。

应用价值

枇杷果实可食用。果实、叶片均可入药，具有清肺润肺、止咳止渴、降气化痰等功效，果实常和其他药材制成“川贝枇杷膏”。枇杷还可作为蜜源作物。

园林绿化

枇杷的树冠整齐而美观，适应性强，花期较长，可用于庭院、道路、公园、厂区绿化以及防护林的绿化栽植，也可作盆栽观赏。

革质的叶片披针形、倒卵形、倒披针形或椭圆长圆形

果实黄色或橘红色，长圆形或球形

粉团蔷薇

别名： 红刺玫

科属： 蔷薇科蔷薇属

分布： 河北、河南、安徽、浙江、陕西、江西、湖北、福建

形态特征

攀缘灌木。小枝圆柱形；小叶片 5 ~ 9 枚，卵形、倒卵形或长圆形，前端急尖或圆钝，基部楔形或近圆形，边缘有尖锐的单锯齿；小叶柄和叶轴有散生的腺毛；花朵成圆锥状花序，数朵；花梗长 1.5 ~ 2.5 厘米；花朵直径 1.5 ~ 2 厘米；萼片披针形，有时中部有 2 个线形的裂片；粉红色的花瓣宽倒卵形，单瓣，基部楔形；近球形的果实红褐色或紫褐色。

生长环境

多生长在海拔 1300 米以下的山坡、灌丛或河边等处。粉团蔷薇喜欢光照充足的环境，耐干旱，耐瘠薄，对土壤要求不严，适合在土层深厚、肥沃、排水良好的土壤中生长。

繁殖方式

播种、分株、扦插、压条、嫁接。

应用价值

粉团蔷薇的根、叶、种子均可入药，具有活血通络、利水通经、收敛等功效。根可提制栲胶，花朵含有芳香油，可提制香精。

园林绿化

粉团蔷薇的耐寒力强，耐干旱，耐瘠薄，花朵较大，花期长，可用于花园、公园、绿篱、绿化带、坡地及棚架的绿化栽植。

小叶片 5 ~ 9 枚，卵形、倒卵形或长圆形

花朵成圆锥状花序，粉红色的花瓣宽倒卵形

火棘

别名： 火把果、吉祥果、救军粮、红子刺

科属： 蔷薇科火棘属

分布： 黄河以南及广大西南地区

形态特征

常绿灌木。植株高达 3 米；侧枝短，顶端成刺状，嫩枝外被有短柔毛，老枝暗褐色；叶片倒卵形或倒卵状长圆形，顶端圆钝或微凹，有时有短尖头，基部楔形，边缘生有钝锯齿，齿尖向内弯，近基部全缘；花朵集成复伞房花序，直径 3 ~ 4 厘米；萼筒钟状，萼片三角卵形，顶端钝；白色的花瓣近圆形；近球形的果实橘红色或深红色；花期 3 ~ 5 月，果期 8 ~ 11 月。

生长环境

火棘喜欢光照充足的环境，耐贫瘠和干旱，对土壤要求不严，适合在疏松、排水良好、湿润的中性或微酸性壤土中生长。

繁殖方式

播种、扦插、压条。

应用价值

火棘的果实可生食，或加工成饮料。果实、根、叶均可入药，具有清热解毒、消积止痢、活血止血等功效，对疮疡肿毒、肠炎、肝炎、跌打损伤、腰痛有辅助治疗的作用。

园林绿化

火棘的树形优美，花期较长，耐贫瘠，耐干旱，还具有良好的滤尘效果，可用于公园、庭院、绿篱、行道树的栽植，也可作盆栽。

花朵集成复伞房花序，白色的花瓣近圆形

叶片倒卵形或倒卵状长圆形，边缘生有钝锯齿

嫩枝外被有短柔毛，老枝暗褐色

近球形的果实橘红色或深红色

植株高达 3 米

榆叶梅

别名： 榆梅、小桃红、榆叶鸾枝

科属： 蔷薇科李属

分布： 全国各地

形态特征

落叶灌木。植株高 2 ～ 3 米；枝条开展，小枝灰色；短枝上的叶片多为簇生，一年生枝上的叶片互生；叶片宽椭圆形或倒卵形，前端短渐尖，多为 3 裂，基部宽楔形，叶边有粗锯齿或重锯齿；花朵生在叶腋，1 ～ 2 朵；萼筒宽钟形，萼片卵形或卵状披针形；粉红色的花瓣近圆形或宽倒卵形，前端圆钝；红色的果实近球形，顶端生有小尖头；花期 4 ～ 5 月，果期 5 ～ 7 月。

生长环境

多生长在低至中海拔的坡地、河沟旁或林缘等处。榆叶梅喜欢光照充足的环境，耐干旱，耐寒，适合在肥沃的中性至微碱性土壤中生长。

繁殖方式

嫁接、播种、扦插、压条。

应用价值

榆叶梅的种仁可入药，具有抗炎镇痛、润燥滑肠、下气利水等功效，对大肠气滞、小便不利、肠燥便秘等症有辅助治疗的作用。榆叶梅还可作切花材料。

园林绿化

榆叶梅耐干旱，枝叶茂密，花繁色艳，抗盐碱能力较强，可用于公园、花园、街道、路边、庭院、水池等地的绿化栽植，也可作盆栽。

植株高 2 ～ 3 米，枝条开展，小枝灰色

粉红色的花瓣近圆形或宽倒卵形

棣棠花

别名：棣棠、黄榆梅、地棠、蜂棠花、黄度梅

科属：蔷薇科棣棠花属

分布：全国大部分地区

形态特征

落叶丛生状灌木。植株高 1 ~ 2 米；绿色的小枝圆柱形，光滑；叶片卵圆形或三角状卵形，互生，两面绿色，顶端长渐尖，基部圆形或截形等，边缘生有尖锐的重锯齿；膜质的托叶带状披针形；花单生在当年生侧枝的顶端，直径 2.5 ~ 6 厘米；扁平的萼筒有 5 枚裂片，卵状椭圆形，顶端急尖；黄色的花瓣宽椭圆形；瘦果褐色或黑褐色，倒卵形至半球形；花期 4 ~ 6 月，果期 6 ~ 8 月。

生长环境

棣棠花喜欢温暖、湿润和半阴的环境，不耐干旱，对土壤要求不严，适合在疏松、肥沃的沙质壤土中生长。

繁殖方式

分株、扦插、播种、压条。

应用价值

棣棠花花朵可入药，具有消肿、止痛、止咳、助消化等功效，对水肿、消化不良、风湿痛、热毒疮等症有辅助治疗的作用。

园林绿化

棣棠花的枝叶翠绿，花色金黄，花果期较长，可用于花园、公园、庭院、花篱、池畔、湖沼沿岸、草地或山坡林下等处的绿化栽植，也可作盆栽观赏。

叶片卵圆形或三角状卵形，互生

花单生顶端，黄色的花瓣宽椭圆形

月季花

别名： 月季、月月红、月月花、胜春、长春花、四季花

科属： 蔷薇科蔷薇属

分布： 湖北、四川、甘肃、江苏、山东、山西

形态特征

常绿、半常绿灌木。植株高 1 ~ 2 米；粗壮的小枝圆柱形，有钩状的皮刺；小叶 3 ~ 5 枚，宽卵形至卵状长圆形，前端长渐尖或渐尖，基部宽楔形或近圆形，边缘生有锯齿，上面暗绿色，下面的颜色较浅；花一般数朵集生；卵形的萼片前端尾状渐尖或呈叶状；倒卵形的花瓣红色、粉红色至白色，重瓣至半重瓣；果实红色，卵球形或梨形；花期 4 ~ 9 月，果期 6 ~ 11 月。

生长环境

月季花喜欢温暖、光照充足的环境，对土壤要求不严，适合在疏松、肥沃、富含有机质、排水良好的微酸性壤土中生长。

繁殖方式

嫁接、播种、扦插、分株、压条。

应用价值

月季花的根、叶、花均可入药，具有活血止痛、消肿、调经、解毒等功效，对月经不调、痛经等症有辅助治疗的作用。月季花还可作切花材料。

园林绿化

月季花适应性强，花朵大，花期长，香气浓郁，可用于庭院、花坛、花篱、花架、花境等处的绿化栽植，也可作盆栽。

花瓣红色、粉红色至白色

小叶宽卵形至卵状长圆形

植株高 1 ~ 2 米

花瓣倒卵形，重瓣至半重瓣

粗壮的小枝圆柱形，有钩状的皮刺

毛樱桃

别名： 山樱桃、梅桃、山豆子、樱桃

科属： 蔷薇科李属

分布： 黑龙江、吉林、河北、山西、宁夏、山东、四川、云南

形态特征

➲ 落叶灌木。植株高 0.3 ~ 1 米；小枝紫褐色或灰褐色；叶片卵状椭圆形或倒卵状椭圆形，前端急尖或渐尖，边缘急尖或生有粗锯齿，上面深绿色或暗绿色，下面灰绿色；花朵单生或两朵簇生；萼筒管状或杯状，萼片三角卵形；倒卵形的花瓣白色或粉红色，前端圆钝；红色的核果近球形；花期 4 ~ 5 月，果期 6 ~ 9 月。

生长环境

➲ 多生长在海拔 100 ~ 3200 米的山坡、林缘、灌丛。毛樱桃喜欢温暖、光照充足的环境，适合在疏松、土层深厚、透气性好的沙质壤土或砾质壤土中生长。

繁殖方式

➲ 播种、扦插、压条、嫁接。

应用价值

➲ 毛樱桃果实可生食或制罐头、酿果酒等。果实和种子均可入药，具有补中益气、润燥滑肠、健脾祛湿、利水等功效，对病后体虚、风湿腰痛、贫血、腹胀便秘等症有辅助治疗的作用。

园林绿化

➲ 毛樱桃的树形优美，花朵娇艳，花朵、叶片、果实都可以观赏，可用于公园、花园、果园、庭院、花坛、小区等处的绿化栽植。

叶片卵状椭圆形或倒卵状椭圆形

小枝紫褐色或灰褐色

红色的核果近球形

倒卵形的花瓣白色或粉红色

花朵单生或两朵簇生

九里香

别名： 石辣椒、九秋香、七里香、千里香、万里香、黄金桂、月橘

科属： 芸香科九里香属

分布： 云南、贵州、湖南、广东、广西、福建、台湾、海南

形态特征

常绿灌木。植株高可达 8 米；枝条白灰色或淡黄灰色，当年生枝绿色；小叶倒卵状椭圆形或倒卵形，3 ~ 7 枚，两侧一般不对称，顶端圆或钝，有时微凹，基部短尖，全缘；花序一般顶生，或顶生兼腋生，白色花多朵，聚成伞状，短缩的圆锥状聚伞花序；萼片卵形；花瓣长椭圆形，5 枚；果实橙黄色至朱红色，阔卵形或椭圆形；花期 4 ~ 8 月，果期 9 ~ 12 月。

生长环境

多生长在离海岸较近的平地、坡地、灌木丛等地。九里香喜欢温暖、向阳的环境，生长适温 20℃ ~ 32℃，对土壤要求不严，适合在疏松、肥沃、富含腐殖质的沙质土壤中生长。

繁殖方式

播种、压条、嫁接。

应用价值

九里香的枝叶可入药，具有行气活血、散瘀止痛、解毒消肿等功效，对胃脘疼痛、跌扑肿痛、疮痈、风湿骨痛、牙痛等症有辅助治疗的作用。

园林绿化

九里香树姿优美，四季常青，花朵芳香浓郁，花期较长，可用于围篱材料，或作花圃及宾馆的点缀品，也可作盆景材料。

小叶 3 ~ 7 枚，倒卵状椭圆形或倒卵形

白色花多朵，聚成伞状，花瓣 5 枚

珊瑚樱

别名：冬珊瑚、珊瑚子、红珊瑚、野海椒、吉庆果、野辣茄

科属：茄科茄属

分布：河北、陕西、四川、云南、广东、湖南、江西

形态特征

➲ 常绿小灌木。植株高达 2 米，全株光滑；叶片互生，狭长圆形或披针形，顶端尖或钝，基部狭楔形下延成叶柄，边全缘或波状，两面均光滑无毛，中脉在下面凸出，侧脉 6 ~ 7 对，在下面更明显；花多单生，很少成蝎尾状花序，腋外生或近对叶生，花梗长约 3 ~ 4 毫米；花小，白色，直径约 0.8 ~ 1 厘米；萼绿色，5 裂；花冠筒隐于萼内，长不及 1 毫米，冠檐裂片 5 枚，卵形；浆果橙红色；花期初夏，果期秋末。

生长环境

➲ 多生长在田边、路旁、丛林或水沟边。珊瑚樱喜欢光照充足、温暖的环境，耐干旱，稍耐寒，对土壤要求不严，适合在疏松、肥沃、土层深厚的土壤中生长。

繁殖方式

➲ 播种、扦插。

应用价值

➲ 珊瑚樱的果实、根均可入药，具有活血散瘀、消肿止痛等功效，对腰肌劳损、跌打损伤等症有辅助治疗的作用。

园林绿化

➲ 珊瑚樱生命力强，耐干旱，耐涝，耐热又耐寒，可用于花园、公园、庭院等处的绿化栽植，也可作盆栽放在阳台等处观赏。

叶片互生，狭长圆形或披针形

浆果橙红色

杜鹃

别名： 映山红、杜鹃花、山踯躅、山石榴、唐杜鹃

科属： 杜鹃花科杜鹃属

分布： 全国各地

形态特征

➲ 常绿或半常绿灌木。植株高 2 ~ 5 米；分枝较多，纤细；革质的叶片多在枝头密集生长，卵形或椭圆状卵形等，前端渐尖，边缘生有细齿，上面深绿色，下面淡白色；花朵在枝头簇生，有 2 ~ 6 朵；花萼有 5 枚三角状长卵形的裂片，边缘有睫毛；花冠玫瑰色、鲜红色或暗红色，阔漏斗形，有 5 枚倒卵形的裂片；蒴果卵球形；花期 4 ~ 5 月，果期 6 ~ 8 月。

生长环境

➲ 多生长在海拔 500 ~ 2500 米的山地灌丛或松林下。杜鹃喜欢凉爽、通风的环境，适合在疏松、肥沃、富含腐殖质的酸性沙质壤土中生长。

繁殖方式

➲ 播种、扦插、压条。

应用价值

➲ 全株可入药，具有行气活血、止痛、祛风、清热解毒、调经等功效，对月经不调、痈肿、跌打损伤、风湿等症有辅助治疗的作用。有些品种的花可提取芳香油。

园林绿化

➲ 杜鹃花色繁多，艳丽，枝叶茂盛，可用于花园、公园、道路旁、林缘、溪边或岩石旁成丛成片的栽植，也可在庭院栽植或作盆栽等。

花朵在枝头簇生，有 2 ~ 6 朵

花冠阔漏斗形，有 5 枚倒卵形的裂片

分枝较多，纤细

花冠玫瑰色、鲜红色或暗红色

叶片多在枝头密集生长，卵形或椭圆状卵形等

金钟花

别名： 土连翘

科属： 木犀科连翘属

分布： 江苏、浙江、江西、四川、湖北、湖南、云南

形态特征

➲ 落叶灌木。植株高达 3 米，枝条直立，四棱形，棕褐色或红棕色；叶片多为长椭圆形或披针形，前端较尖锐，基部楔形，上面深绿色，下面淡绿色；花在叶片前开放，1 ~ 4 朵花着生在叶腋；花萼长 3.5 ~ 5 毫米，裂片卵形、宽卵形或宽长圆形；花冠深黄色，花冠管里面有橘红色的条纹；果实卵形或宽卵形；花期 3 ~ 4 月，果期 8 ~ 11 月。

生长环境

➲ 多生长在海拔 400 ~ 1200 米的山地半阴坡的平缓地、灌丛、溪边、林缘等地。金钟花喜欢光照充足和温暖湿润的环境，适合在疏松、肥沃、排水良好的沙质土壤中生长。

繁殖方式

➲ 播种、扦插、压条、分株。

应用价值

➲ 金钟花的根、叶和果壳均可入药，具有清热泻火、解毒、散结、祛湿等功效，对感冒发热、面目赤肿、筋骨酸痛、疥疮等症有辅助治疗的作用。

园林绿化

➲ 金钟花先开花后长叶，艳丽的金黄色比较惹眼，可用于道路旁、庭院、公园、花园、花坛、草坪栽植等，可孤植或丛植。

枝条直立，四棱形，棕褐色或红棕色

1 ~ 4 朵花着生在叶腋，花冠深黄色

女贞

别名： 白蜡树、冬青、蜡树、女桢、将军树

科属： 木犀科女贞属

分布： 华北、西北、长江流域及以南地区

形态特征

常绿灌木。革质的叶片常绿，卵形、长卵形或椭圆形等，长 6 ~ 17 厘米，宽 3 ~ 8 厘米，前端锐尖、渐尖或钝，基部圆形或近圆形，有时宽楔形或渐狭长，叶缘平坦，中脉在上面凹入，有 4 ~ 9 对侧脉；叶柄长 1 ~ 3 厘米；圆锥花序，顶生；小苞片披针形或线形；花冠管长 1.5 ~ 3 毫米；果实肾形或近肾形，成熟时红黑色；花期 5 ~ 7 月，果期 7 月至次年 5 月。

生长环境

多生长在海拔 2900 米以下的疏林、密林等处。女贞喜欢光照充足、温暖湿润的环境，耐寒，适合在肥沃、深厚、富含腐殖质的土壤中生长。

繁殖方式

播种、扦插、压条。

应用价值

女贞的成熟果实可入药，具有乌须明目、滋养肝肾、强腰膝等功效，对眩晕耳鸣、腰膝酸软、须发早白等症有辅助治疗的作用。

园林绿化

女贞适应性强，生长速度快，枝叶茂密，树形整齐，可用于公园、庭院、行道树、绿篱等处的绿化栽植，可孤植或丛植。

圆锥花序，顶生

果实肾形或近肾形，成熟时红黑色

连翘

别名： 黄花条、落翘、连壳、青翘

科属： 木犀科连翘属

分布： 河北、山西、陕西、安徽、河南、湖北、四川

形态特征

攀缘灌木。圆柱形的小枝有短粗的皮束；小叶卵形、倒卵形或长圆形，前端急尖或圆钝，基部楔形或近圆形，边缘生有尖锐的单锯齿；托叶大部分贴近叶柄；花数朵，成圆锥状花序；花朵直径 1.5 ~ 2 厘米；萼片披针形，有时中部有 2 个线形的裂片，内面被柔毛；白色的花瓣宽倒卵形，前端微凹；果实紫褐色或红褐色，近球形；花期 5 ~ 6 月。

生长环境

多生长在海拔 250 ~ 2200 米的山坡灌丛、草丛、山谷、疏林等地。连翘喜欢光照充足的环境，耐干旱，适合在深厚、肥沃的土壤中生长。

繁殖方式

播种、压条、插条、分株。

应用价值

连翘的果实可入药，具有清热解毒、散结消肿等功效，对丹毒、斑疹、痈疡肿毒等症有辅助治疗的作用。连翘籽榨出的油可供制造肥皂以及化妆品。

园林绿化

连翘树姿优美，生长旺盛，花期长，花的数量多，绽放时满枝金黄，可用于公园、花园、花篱、花境、花坛、庭院等处的绿化栽植。

小叶 5 ~ 9 枚，卵形、倒卵形或长圆形

花数朵，成圆锥状花序

迎春花

别名： 小黄花、清明花、金腰带、黄梅

科属： 木犀科素馨属

分布： 全国各地

形态特征

落叶灌木。直立或匍匐生长，株高 0.3 ~ 5 米；小枝四棱形，基部一般有单叶，卵形或椭圆形，有时近圆形；叶片三出复叶，对生，小叶片卵形、长卵形或狭椭圆形等，前端锐尖或钝，有短尖头；花朵一般在去年生小枝的叶腋单生；苞片披针形、卵形或椭圆形，小叶状；花萼绿色，有 5 ~ 6 枚窄披针形的裂片；花冠黄色，花冠管裂片 5 ~ 6 枚，椭圆形或长圆形；花期 6 月。

生长环境

多生长在海拔 800 ~ 2000 米的山坡灌丛中。迎春花喜欢光照充足、温暖的环境，稍耐阴，适合在疏松、肥沃、排水良好的沙质壤土中生长。

繁殖方式

扦插、压条、分株。

应用价值

迎春花的叶片、花均可入药，具有活血解毒、消肿止痛、解热利尿等功效，对发热头痛、肿毒恶疮、跌打损伤、小便涩痛等症有辅助治疗的作用。

园林绿化

迎春花适应性强，枝条披垂，花色金黄，端庄秀丽，可用于花园、公园、草坪、林缘、坡地湖边、溪畔、庭院的绿化栽植。

直立或匍匐生长，株高 0.3 ~ 5 米

花冠黄色，花冠管裂片椭圆形或长圆形

茉莉花

别名： 茉莉、木梨花、香魂、莫利花、末莉

科属： 木犀科素馨属

分布： 江南地区、西部地区

形态特征

常绿灌木。植株高达 3 米；小枝圆柱形或稍压扁状；单叶对生，纸质的叶片圆形、椭圆形、卵状椭圆形或倒卵形，两端圆或钝；叶柄被较短的柔毛；聚伞花序，顶生，一般有 3 朵花，有时单花或多达 5 朵；花序梗被较短的柔毛；苞片锥形；花萼裂片线形，长 5 ~ 7 毫米；花冠白色，裂片长圆形或近圆形，前端圆或钝；球形的果实紫黑色；花期 5 ~ 8 月，果期 7 ~ 9 月。

生长环境

茉莉花喜欢温暖、湿润的半阴环境，不耐旱，适合在富含腐殖质的微酸性沙质土壤中生长。

繁殖方式

压条、插条。

应用价值

茉莉花的花、叶均可入药，具有清热解表、理气开郁、止咳化痰等功效，对外感发热、目赤肿痛、腹胀、疮毒等症有辅助治疗的作用。茉莉花是花茶的原料和香精的原料。

园林绿化

茉莉花的叶色翠绿，花色洁白，香味浓厚，花期较长，可用于公园、花园、花坛、花境、庭院的绿化栽植，也可作盆栽，放在室内观赏。

叶片对生，圆形、椭圆形、卵状椭圆形或倒卵形

聚伞花序，顶生，花冠白色

桂花

别名： 岩桂、金粟、九里香

科属： 木犀科木犀属

分布： 四川、云南、广西、湖南、湖北、江西、河南

形态特征

常绿灌木或乔木。植株高 3 ~ 5 米，最高可达 18 米；小枝黄褐色；革质的叶片椭圆形、长椭圆形或椭圆状披针形，前端渐尖，基部渐狭，楔形或宽楔形，全缘或一般上半部有细锯齿；聚伞花序，在叶腋簇生，每腋内有花多朵；宽卵形的苞片有小尖头；花萼长约 1 毫米，裂片稍不整齐；花冠黄白色、淡黄色、黄色或橘红色；椭圆形的果实紫黑色；花期 9 ~ 10 月，果期次年 3 月。

生长环境

桂花喜欢光照充足、温暖湿润的环境，生长适温 15℃ ~ 28℃，对土壤要求不严，适合在土层深厚、疏松肥沃、排水良好的微酸性沙质壤土中生长。

繁殖方式

播种、嫁接、扦插、压条。

应用价值

桂花可用于制桂花茶、桂花酒。其花、果实、根均可入药，具有祛风散寒、化痰止咳等功效，对风湿骨痛、腰痛、肾虚牙痛等症有辅助治疗的作用。木材是优质的雕刻用材。

园林绿化

桂花枝叶繁茂，终年常绿，花期较长，可用于公园、花园、行道树、庭院等处的绿化栽植。

聚伞花序，花冠黄白色、黄色或橘红色等

革质的叶片椭圆形、长椭圆形或椭圆状披针形

狗牙花

别名：白狗牙、狮子花、豆腐花

科属：夹竹桃科狗牙花属

分布：全国大部分地区

形态特征

➲ 常绿灌木。植株高达 3 米；小枝灰绿色；坚纸质的叶片对生，椭圆形或椭圆状长圆形，长 5 ~ 11 厘米，宽 1.5 ~ 4 厘米，基部楔形，叶面深绿色，背面淡绿色，全缘；聚伞花序腋生，多为双生，6 ~ 10 朵花在近小枝端部集成假二歧状；苞片和小苞片卵状披针形；花蕾端部长圆状急尖；花萼的基部内面有腺体，萼片长圆形，边缘生有缘毛；花冠白色，花冠筒长达 2 厘米；蓇葖长 2.5 ~ 7 厘米；花期 6 ~ 11 月，果期秋季。

生长环境

➲ 狗牙花喜欢温暖、湿润的半阴环境，不耐寒，适合在肥沃、排水良好的酸性土壤中生长。

繁殖方式

➲ 扦插、压条。

应用价值

➲ 狗牙花的叶、根均可入药，具有降低血压、清凉解热、止痛、利水消肿等功效，对咽喉肿痛、眼病、疮疥、头痛、腹痛、高血压、跌打损伤等症有辅助治疗的作用。

园林绿化

➲ 狗牙花绿叶青翠欲滴，花朵晶莹洁白，清香四溢，花期较长，可用于公园、花园、庭院等处的绿化栽植，也可作盆栽观赏。

聚伞花序腋生，花冠白色

叶片椭圆形或椭圆状长圆形，坚纸质

软枝黄蝉

别名：黄莺、小黄蝉、重瓣黄蝉、软枝花蝉

科属：夹竹桃科黄蝉属

分布：广西、广东、福建、台湾

形态特征

常绿蔓性灌木。长达 4 米；枝条软弯下垂；纸质的叶片一般 3 ~ 4 枚轮生，有时对生或在枝的上部互生，全缘，倒卵形或倒卵状披针形，端部短尖，基部楔形，叶脉的两面扁平，侧脉每边有 6 ~ 12 条；聚伞花序，顶生；花萼裂片披针形；橙黄色的花冠较大，内面有红褐色的脉纹，花冠下部长圆筒状，花冠筒喉部有白色的斑点，向上扩成冠檐，裂片长圆状卵形或卵圆形；蒴果球形；花期春夏两季，果期冬季。

生长环境

多生长在路旁、村边等地。软枝黄蝉喜欢温暖、光照充足的环境，耐半阴，不耐旱，生长适温 20℃ ~ 25℃，对土壤要求不严，适合在肥沃、排水良好、富含腐殖质的壤土或沙质壤土中生长。

繁殖方式

扦插。

应用价值

软枝黄蝉的枝叶可入药，具有消肿、杀虫等功效，对跌打肿痛、疥癣等症有辅助治疗的作用。

园林绿化

软枝黄蝉姿态优美，枝条柔软，花朵大而美丽，可用于公园、花园、庭院、花廊、花架、绿篱等处的绿化栽植。

纸质的叶片倒卵形或倒卵状披针形

聚伞花序，顶生，花萼裂片披针形

夹竹桃

别名： 柳叶桃树、洋桃、柳叶树、洋桃梅

科属： 夹竹桃科夹竹桃属

分布： 全国各地

形态特征

➲ 常绿灌木或小乔木。植株高达 5 米，枝条灰绿色；叶片 3 ~ 4 枚轮生，下枝叶片对生，窄披针形，顶端急尖，基部楔形，叶缘反卷，叶面深绿色，叶背浅绿色；叶柄内生有腺体；聚伞花序，顶生，有花数朵；苞片披针形；红色的花萼 5 深裂，披针形；花冠粉红色或深红色，花冠为单瓣，呈 5 裂时，花冠为漏斗状，花冠筒圆筒形，上部扩大呈钟形；花期几乎全年，果期一般在冬春季。

生长环境

➲ 夹竹桃性喜光照充足、温暖湿润的环境，稍耐寒，适合在排水良好、肥沃的微酸性或中性土壤中生长。

繁殖方式

➲ 扦插、压条。

应用价值

➲ 夹竹桃的叶可入药，具有镇痛、强心利尿、祛痰定喘等功效，对喘息咳嗽、跌打损伤、闭经、斑秃等症有辅助治疗的作用。茎皮纤维是优质的混纺原料，种子榨出的油可作润滑油。

园林绿化

➲ 夹竹桃的花朵大而艳丽，有特殊的香味，花期长，可用于公园、花园、花坛、庭院、风景区、道路旁和河畔等地的绿化栽植。

聚伞花序，有花数朵，花冠粉红色或深红色

叶片窄披针形，3 ~ 4 枚轮生

蔓长春花

别名：攀缠长春花

科属：夹竹桃科蔓长春花属

分布：江苏、上海、浙江、湖北、台湾

形态特征

常绿蔓性半灌木。植株丛生，细长的茎匍匐生长，花茎直立；椭圆形的叶片厚革质，长 2 ~ 6 厘米，宽 1.5 ~ 4 厘米，前端急尖，基部向下延长，全缘，约有 4 对侧脉；叶柄长 1 厘米；花单朵，腋生；花梗长 4 ~ 5 厘米；花萼裂片狭披针形；花冠蓝色，花冠筒漏斗状，裂片倒卵形，长 12 毫米，宽 7 毫米，前端圆形；雄蕊在花冠筒中部的下面着生，花丝扁平，花药的顶端生有毛；蓇葖长约 5 厘米；花期 3 ~ 5 月。

生长环境

蔓长春花喜欢温暖湿润、光照充足的环境，稍耐寒，怕涝，适合在深厚、肥沃、湿润的土壤中生长。

繁殖方式

播种、扦插、压条。

应用价值

蔓长春花的叶片可入药，具有镇静安神、凉血降压等功效，对高血压、恶性淋巴瘤等症有辅助治疗的作用。

园林绿化

蔓长春花生长迅速，枝繁叶茂，四季常绿，花色鲜艳，耐热，耐寒冷，可用于花园、公园、地被、庭院、花坛等处的绿化栽植，也可作盆栽观赏。

椭圆形的叶片厚革质，全缘

花单朵，腋生，花冠蓝色

山茱萸

别名： 山萸肉、肉枣、鸡足、萸肉、药枣、天木籽

科属： 山茱萸科山茱萸属

分布： 山西、陕西、甘肃、山东、江苏、浙江、安徽、江西、湖南

形态特征

落叶灌木。树皮灰褐色；小枝细圆柱形；纸质的叶片对生，上面绿色，下面浅绿色；叶柄细圆柱形，上面有浅沟，下面圆形；伞形花序生于枝侧；卵形的总苞片带有些紫色；总花梗粗壮；花朵较小，在叶片前开放；花萼阔三角形；黄色的花瓣舌状披针形，向外反卷；长椭圆形的核果红色至紫红色；花期 3 ~ 4 月，果期 9 ~ 10 月。

生长环境

多生长在海拔 400 ~ 1500 米的林缘、谷地、河边等处。山茱萸喜欢光照充足的环境，生长适温 20℃ ~ 30℃，适合在排水良好、富含有机质、肥沃的沙质壤土中生长。

繁殖方式

播种、压条、扦插、嫁接。

应用价值

山茱萸的果实可加工成饮料、果酱、蜜饯、罐头等。果实可入药，具有明目、补肝益气、固肾涩精、健胃等功效，对高血压、腰膝酸痛、眩晕耳鸣、阳痿等症有辅助治疗的作用。

园林绿化

山茱萸先开花后长出叶片，秋季红果累累，赏心悦目，可用于花园、公园、庭院、花坛等处的绿化栽植，也可作盆栽观赏。

花朵较小，黄色的花瓣舌状披针形

长椭圆形的核果红色至紫红色

洒金桃叶珊瑚

别名： 洒金东瀛珊瑚、花叶青木、洒金珊瑚

科属： 山茱萸科桃叶珊瑚属

分布： 长江中下游地区、华北地区

形态特征

➲ 常绿灌木。植株高约 1.2 米；小枝条粗且圆；油绿的叶片对生，厚纸质至革质，有光泽，多为卵状椭圆形、椭圆状披针形或倒卵状椭圆形，长 6 ~ 12 厘米，宽约 3 ~ 5 厘米，前端尾状渐尖，基部阔楔形或近圆形，上面绿色，有大小不同的黄色或淡黄色斑点；叶柄粗壮；圆锥花序，顶生；花瓣紫红色或暗紫色，卵形或椭圆状披针形，前端有短尖；卵圆形的果实初时绿色，成熟时转为红色；花期 3 ~ 4 月，果期 11 月至次年 4 月。

生长环境

➲ 洒金桃叶珊瑚喜欢湿润的环境，极耐阴，不太耐寒，夏季怕阳光暴晒，适合在排水良好、疏松、肥沃的微酸性或中性壤土中生长。

繁殖方式

➲ 播种、扦插。

应用价值

➲ 洒金桃叶珊瑚是珍贵的耐阴灌木，其枝叶可用于瓶插，洒金桃叶珊瑚的盆栽有一定的市场需求量和经济价值。

园林绿化

➲ 洒金桃叶珊瑚叶片黄绿相映，十分美丽，可用于公园、假山边缘、树丛林缘等处的绿化栽植，也可作盆栽，放在厅堂、会场等处观赏。

叶片多为卵状椭圆形、椭圆状披针形等

卵圆形的果实成熟时转为红色

迷迭香

别名： 海洋之露、艾菊

科属： 唇形科迷迭香属

分布： 南方大部分地区和山东

形态特征

➲ 常绿灌木植物。植株高可达 2 米；茎和老枝呈圆柱形，表皮灰褐色，四棱形的幼枝密被白色的细茸毛；革质的叶片线形，多丛生，长 1 ~ 2.5 厘米，全缘；花朵较小，对生，几乎没有梗，少量聚在短枝的顶端，成总状花序；花萼卵状钟形；花冠蓝紫色，长度小于 1 厘米，外面被疏短的柔毛，冠檐二唇形，上唇直伸，下唇宽大，3 裂；花期 11 月。

生长环境

➲ 迷迭香喜欢温暖、干燥、光照充足的环境，较耐旱，生长适温 10℃ ~ 25℃，适合在排水良好的沙质壤土中生长。

繁殖方式

➲ 播种、扦插、压条。

应用价值

➲ 迷迭香具有镇静、安神醒脑的功效，对心悸失眠、头晕头痛、消化不良、胃痛、外伤、关节炎等症有辅助治疗的作用。迷迭香属于名贵的天然香料植物，从迷迭香的花朵和叶片中可提取精油。

园林绿化

➲ 迷迭香耐干旱，枝叶密集，花色素雅，有清香，可用于公园、花园、花坛、地被、绿篱、风景区等处的栽植，也可作盆栽，置于阳台或庭院观赏。

花朵较小，对生，花冠蓝紫色

革质的叶片线形，多丛生

枸骨

别名：猫儿刺、老虎刺、八角刺、狗骨刺、猫儿香、老鼠树

科属：冬青科冬青属

分布：长江中下游地区

形态特征

常绿灌木。植株高 0.6 ~ 3 米；厚革质的叶片二型，卵形或四角状长圆形，顶端有 3 枚尖硬刺齿，基部圆形或近截形，两侧各有 1 ~ 2 枚刺齿，有时全缘，叶面深绿色，背面淡绿色；花序在二年生枝的叶腋内簇生；苞片卵形，顶端钝或有短尖头；花朵淡黄色；花萼盘状，裂片阔三角形；花瓣长圆状卵形，反折，基部合生；球形的果实成熟时鲜红色；花期 4 ~ 5 月，果期 10 ~ 12 月。

生长环境

多生长在海拔 150 ~ 1900 米的灌丛、疏林、路边、溪旁附近。枸骨喜欢光照充足的环境，耐干旱和寒冷，适合在肥沃、湿润的酸性土壤中生长。

繁殖方式

播种、扦插。

应用价值

枸骨的叶、果实、根均可入药，具有滋补、活络、清风热、祛风湿等功效，对肺结核潮热、白带过多、慢性腹泻、腰膝痿弱、风湿痹痛等症有辅助治疗的作用。

园林绿化

枸骨枝叶繁茂，四季常青，秋冬时红果满枝，可用于庭院、花坛、公园、绿篱等处的绿化栽植，也可作盆栽放在厅堂观赏。

叶片厚革质，卵形或四角状长圆形

球形的果实成熟时鲜红色

琼花

别名：聚八仙花、蝴蝶花、木本绣球、牛耳抱珠

科属：忍冬科荚蒾属

分布：江苏南部、安徽西部、江西西北部、浙江、湖北西部

形态特征

落叶或半常绿灌木。植株高达 4 米；树冠球形；树皮灰白色或灰褐色；纸质的叶片卵形或椭圆形或卵状矩圆形，长 5 ~ 11 厘米，顶端稍尖或钝，基部较圆，有时微心形，边缘生有小齿；聚伞花序，直径 8 ~ 15 厘米，花序黄白色或灰白色；总花梗长 1 ~ 2 厘米；花朵在第三级辐射枝上着生；萼筒筒状，萼齿矩圆形，顶端较钝；白色的花冠辐状，裂片圆状倒卵形；果实椭圆形；花期 4 ~ 5 月，果期 9 ~ 10 月。

生长环境

多生长在丘陵、林下或灌丛中等地。琼花喜欢温暖、光照充足的环境，稍耐阴，适合在肥沃、湿润、排水良好的土壤中生长。

繁殖方式

播种、压条、扦插、嫁接。

应用价值

琼花的枝、茎、叶、果实均可入药，具有通经络、祛湿止痒、解毒止痒、清热消炎等功效，对筋骨疼痛、恶疮等症有辅助治疗的作用。

园林绿化

琼花生长旺盛，树姿优美，枝条伸展，花朵较大，洁白如玉，可用于公园、行道树、庭院等处的绿化栽植，也可作盆栽观赏。

花序黄白色或灰白色，花冠辐状

纸质的叶片卵形或椭圆形等

紫玉兰

别名： 木兰、辛夷、木笔、望春

科属： 木兰科木兰属

分布： 云南、福建、湖北、四川

形态特征

落叶灌木。植株高达 3 米，树皮灰褐色，小枝绿紫色或淡褐紫色；叶片倒卵形或椭圆状倒卵形，前端急尖或渐尖，上面深绿色，下面灰绿色；卵圆形的花蕾被淡黄色的绢毛；瓶形的花朵和叶片同时开放，在粗壮的花梗上直立；花被片 9 ~ 12 枚，外轮的 3 枚花被片紫绿色，萼片状，外面紫红色或紫色，内面带一些白色；内两轮花瓣状，椭圆状倒卵形；花期 3 ~ 4 月，果期 8 ~ 9 月。

生长环境

多生长在海拔 300 ~ 1600 米的山坡、林缘等处。紫玉兰喜欢温暖、湿润、光照充足的环境，较耐寒，不耐盐碱，适合在肥沃、排水良好的沙质壤土中生长。

繁殖方式

分株、压条、播种、嫁接。

应用价值

紫玉兰的树皮、叶、花蕾均可入药，具有祛风散寒、通窍等功效，对头痛、急性或慢性鼻炎、鼻窦炎等症有辅助治疗的作用。

园林绿化

紫玉兰枝繁花茂，花朵大而艳丽，幽香淡雅，可用于花园、花坛、庭院、街道、中心草地、公园、建筑物前等处的绿化栽植。

植株高达 3 米，小枝绿紫色或淡褐紫色

花被片 9~12 枚

含笑花

别名： 含笑美、含笑梅、白兰花、唐黄心树、香蕉花

科属： 木兰科含笑属

分布： 全国各地

形态特征

常绿灌木。植株高 2 ~ 3 米，枝条繁密，嫩枝密被黄褐色的茸毛；叶片倒卵状椭圆形或狭椭圆形，革质，长 4 ~ 10 厘米，宽 1.8 ~ 4.5 厘米，前端钝短尖，基部楔形或阔楔形；叶柄长 2 ~ 4 毫米；花朵直立，淡黄色，边缘有时紫色或红色；肉质的花被片较肥厚，有 6 枚，长椭圆形；聚合果长 2 ~ 3.5 厘米；蓇葖球形或卵圆形，顶端生有喙；花期 3 ~ 5 月，果期 7 ~ 8 月。

生长环境

多生长在阴坡的杂木林中、溪谷沿岸等地。含笑花喜欢半阴的冷凉环境，忌强烈的阳光直射，不耐干旱和贫瘠，不甚耐寒，适合在肥沃、排水良好的微酸性壤土中生长。

繁殖方式

播种、压条、嫁接、扦插。

应用价值

含笑花的花朵含有芳香油，可入药，也可制成花茶，适量饮用具有凉血解毒、护肤养颜、安神解郁的功效。

园林绿化

含笑花树枝端雅，绿叶素荣，花期较长，花香浓郁，可用于公园、花园、庭院、学校、工矿区、疏林旁等处的绿化栽植，也可作盆栽观赏。

花朵淡黄色，边缘有时紫色或红色

叶片倒卵状椭圆形或狭椭圆形

紫薇

别名：痒痒花、痒痒树、紫金花、紫兰花、满堂红

科属：千屈菜科紫薇属

分布：广西、湖南、福建、湖北、河南、陕西、四川

形态特征

落叶灌木。植株高可达 7 米；树皮灰色或灰褐色，平滑；枝干多扭曲，纤细的小枝有四棱，稍成翅状；纸质的叶片互生，有时对生，阔矩圆形、椭圆形或倒卵形，顶端尖或钝形，基部阔楔形或近圆形；花朵有白色、玫红色、大红色、深粉红色、淡红色或紫色等；花萼外面平滑，萼筒裂片三角形，6 枚；花瓣 6 枚，有长爪；蒴果阔椭圆形或椭圆状球形；花期 6 ~ 9 月，果期 9 ~ 12 月。

生长环境

紫薇喜欢光照充足的暖湿环境，耐干旱，耐寒，稍耐阴，适合在土层深厚、肥沃的沙质壤土中生长。

繁殖方式

播种、扦插、压条、嫁接。

应用价值

紫薇的根、树皮可入药，具有清热解毒、利湿祛风、散瘀止血等功效，对咯血、便血、无名肿毒、咽喉肿痛、肝炎、跌打损伤等症有辅助治疗的作用。紫薇的木材可作家具、建筑用材等。

园林绿化

紫薇耐干旱，花色鲜艳，花期长，可用于公园、庭院、道路、池畔、河边、草坪旁的绿化栽植，也可作盆栽观赏。

枝干多扭曲，纤细的小枝有四棱

花朵有白色、大红色、淡红色或紫色等

牡丹

别名： 富贵花、鼠姑、鹿韭、白茸、百雨金、洛阳花

科属： 毛茛科芍药属

分布： 全国各地

形态特征

➲ 落叶灌木。茎高达 2 米；分枝短而粗；叶片一般为二回三出复叶，偶尔近枝顶的叶为 3 枚小叶；顶生小叶宽卵形，表面绿色，背面淡绿色；侧生小叶长圆状卵形或狭卵形；花朵在枝顶单生，花瓣倒卵形，5 枚，或为重瓣，玫瑰色、红紫色、粉红色至白色等，顶端呈不规则的波状；苞片长椭圆形，5 枚；绿色的萼片宽卵形，5 枚；花盘紫红色，杯状；蓇葖长圆形；花期 5 月，果期 6 月。

生长环境

➲ 牡丹喜欢温暖、干燥、光照充足的环境，耐半阴和干旱，适合在疏松、肥沃、深厚、排水良好的中性沙质壤土中生长。

繁殖方式

➲ 分株、嫁接、播种、扦插、压条、组织培养。

应用价值

➲ 牡丹花瓣可供食用，也可蒸酒。根皮可入药，具有清热凉血、解毒、活血化瘀、抗肿瘤等功效，对闭经痛经、跌打损伤、痈肿疮毒等症有辅助治疗的作用。

园林绿化

➲ 牡丹耐寒，耐干旱，花朵大而色艳，端庄大方，可用于公园、植物园、花坛、花园、庭院、道路旁等处的美化绿化。

花朵在枝顶单生，花瓣倒卵形，5 枚

茎高达 2 米，分枝短而粗

绿色的萼片宽卵形，5 枚

叶片一般为二回三出复叶，表面绿色

花朵玫瑰色、红紫色、粉红色至白色等

木芙蓉

别名： 芙蓉花、拒霜花、木莲、地芙蓉

科属： 锦葵科木槿属

分布： 辽宁、河北、陕西、浙江、广东、湖南、四川、云南

形态特征

落叶灌木。植株高 2 ~ 5 米；叶片心形、宽卵形或圆卵形等，直径 10 ~ 15 厘米，一般 5 ~ 7 裂，裂片三角形，前端渐尖，有钝圆的锯齿；叶柄长 5 ~ 20 厘米；花朵在枝端叶腋间单生，花梗近端有节；线形的小苞片 8 枚；花萼钟形，裂片卵形，5 枚；花初开时白色或淡红色，后变深红色，花瓣近圆形；扁球形的蒴果被淡黄色的刚毛和绵毛；花期 8 ~ 10 月。

生长环境

木芙蓉喜欢光照充足、温暖、湿润的环境，稍耐阴，耐水湿，不耐寒，对土壤要求不严，适合在肥沃、湿润、排水良好的沙质壤土中生长。

繁殖方式

播种、扦插、压条、分株。

应用价值

木芙蓉的花可食用，花、叶片均可入药，具有清热解毒、凉血止血、消肿排脓等功效，对肺热咳嗽、痈肿疮疖、乳腺炎、腮腺炎、跌打损伤等症有辅助治疗的作用。

园林绿化

木芙蓉的花朵大，颜色艳丽，花期较长，可用于花园、公园、庭院、墙边、路旁、林缘、花篱和建筑物前的绿化栽植，也可作盆栽观赏。

叶片心形、宽卵形或圆卵形等

花朵在枝端叶腋间单生，花瓣近圆形

朱槿

别名： 扶桑、赤槿、状元红、红木槿、桑槿、大红花

科属： 锦葵科木槿属

分布： 南方各地区

形态特征

常绿灌木。植株高 1 ~ 3 米；圆柱形的小枝疏被星状的柔毛；叶片狭卵形或阔卵形，长 4~9 厘米，宽 2.5 厘米，边缘有齿纹或缺刻，背面沿脉上被少许疏毛；花朵一般下垂，在上部叶腋间单生；花冠漏斗形，直径 6 ~ 10 厘米，淡红色、玫瑰红色或淡黄色等；花瓣倒卵形，前端较圆，外面疏被柔毛；卵形的蒴果平滑，长约 2.5 厘米，有喙；花期全年。

生长环境

朱槿性喜温暖、湿润、光照充足的环境，不耐阴，不耐寒冷和干旱，对土壤要求不严，适合在富含有机质的微酸性壤土中生长。

繁殖方式

扦插、嫁接。

应用价值

朱槿的嫩叶可食用，根、叶、花均可入药，具有清热利水、清肺化痰、解毒消肿等功效，对急性结膜炎、月经不调、肺热咳嗽、腮腺炎、乳腺炎等症有辅助治疗的作用。

园林绿化

朱槿花朵大，颜色鲜艳，在光照充足的条件下，花期很长，可用于花园、公园、花坛、庭院等处的绿化栽植，也可作盆栽，布置在宾馆、会场、节日公园等处。

叶片狭卵形或阔卵形

花冠漏斗形，淡红色、玫瑰红色等

木槿

别名： 木棉、喇叭花、荆条、朝开暮落花

科属： 锦葵科木槿属

分布： 福建、广东、广西、四川、湖北、浙江、江苏、河南

形态特征

➲ 落叶灌木。植株高 3 ~ 4 米，小枝密被黄色的星状茸毛；叶片菱形或三角状卵形，有深浅不同的 3 裂或不裂，基部楔形，边缘有不齐的齿缺；线形的托叶疏被柔毛；花朵在枝端叶腋间单生；线形的小苞片 6 ~ 8 枚；花萼钟形，有 5 枚三角形的裂片；钟形的花朵纯白色、淡粉红色、淡紫色、紫红色等，花瓣倒卵形，外面被稀疏的纤毛和星状的长柔毛；蒴果卵圆形；花期 7 ~ 10 月。

生长环境

➲ 木槿喜欢光照充足、温暖湿润的环境，对环境的适应性很强，耐干旱和贫瘠，稍耐阴，对土壤要求不严，适合在疏松、肥沃的土壤中生长。

繁殖方式

➲ 播种、压条、扦插。

应用价值

➲ 木槿花可食用，根、叶、皮、花、果实均可入药，对反胃、吐血、痄腮、白带过多、痢疾、脱肛等症有辅助治疗的作用。

园林绿化

➲ 木槿生性强健，耐干旱和贫瘠，花色丰富，花期较长，可用于公园、花园、花篱、庭院、花坛等处的绿化栽植，也可作盆栽，置于室内观赏。

小枝密被黄色的星状茸毛

花朵在枝端叶腋间单生

蒴果卵圆形

花朵钟形，花瓣倒卵形

花朵纯白色、淡粉红色、淡紫色、紫红色等

蜡梅

别名： 金梅、蜡花、蜡梅花、唐梅、香梅

科属： 蜡梅科蜡梅属

分布： 山东、江苏、浙江、湖南、河南、四川、云南、广东

形态特征

落叶灌木。植株高达 4 米；幼枝四方形，灰褐色的老枝近圆柱形；鳞芽一般在二年生的枝条叶腋内着生，近圆形的芽鳞片覆瓦状排列；叶片纸质至近革质，对生，椭圆形、卵圆形、卵状椭圆形、长圆状披针形等，顶端急尖至渐尖；花在二年生枝条叶腋内着生，花在叶片前开放；花被片圆形、椭圆形、倒卵形等；花期 11 月至次年 3 月，果期 4 ~ 11 月。

生长环境

蜡梅喜欢光照充足的环境，耐寒，耐干旱，稍耐阴，对土壤要求不严，适合在土层深厚、肥沃、疏松、排水良好的微酸性沙质壤土中生长。

繁殖方式

嫁接、分株、播种、扦插、压条。

应用价值

蜡梅的根、叶、花均可入药，具有解暑生津、顺气止咳、开胃散郁、散寒解毒等功效，对暑热心烦、百日咳、风湿关节炎等症有辅助治疗的作用。蜡梅花可用于制花茶、香料、插花材料等。

园林绿化

蜡梅耐寒，耐干旱，花朵美丽而芳香，在霜雪天气下傲然绽放，可用于公园、花园、庭院等处的绿化栽植。

近圆形的芽鳞片覆瓦状排列

花被片圆形、椭圆形、倒卵形等

栀子

别名：黄果子、山黄枝、黄栀、山栀子、水栀子、山黄栀

科属：茜草科栀子属

分布：山东、河南、安徽、江西、湖北、湖南、四川

形态特征

常绿灌木。植株高 0.3 ~ 3 米；嫩枝一般被有短毛；叶片多为革质，对生或 3 枚轮生，倒卵形、椭圆形、长圆状披针形或倒卵状长圆形，基部楔形或短尖，上面亮绿色；花一般单生在枝顶；萼管倒圆锥形或卵形，有纵棱，萼檐管形；花冠高脚碟状，乳黄色或白色，冠管狭圆筒形；果实黄色或橙红色，卵形、近球形、椭圆形等；花期 3 ~ 7 月，果期 5 月至次年 2 月。

生长环境

多生长在海拔 10 ~ 1500 米的丘陵、山谷、山坡、溪边的灌丛或林下。栀子喜欢温暖湿润、光照充足的环境，较耐寒，耐半阴，适合在疏松、肥沃、排水良好的酸性土壤中生长。

繁殖方式

播种、扦插。

应用价值

栀子的果实可入药，具有护肝利胆、止血消肿、降压、镇静等功效，对黄疸型肝炎、高血压、糖尿病等症有辅助治疗的作用。

园林绿化

栀子的枝叶四季常绿，花朵大，洁白而芳香，可用于花园、公园、池畔、道路旁、庭院、绿篱的绿化栽植，也可作盆栽观赏。

花一般单生在枝顶，花冠乳黄色或白色

叶片倒卵状长圆形等，亮绿色

龙船花

别名： 英丹、百日红、仙丹花

科属： 茜草科龙船花属

分布： 福建、广东、广西、香港

形态特征

➲ 常绿灌木。植株高 0.8 ~ 2 米；小枝初时深褐色，老时灰色；叶片披针形、长圆状披针形或长圆状倒披针形，对生，顶端钝或圆形，基部短尖或圆形；托叶基部较阔，成鞘形，顶端长渐尖；花序顶生，花较多；总花梗红色；萼管长 1.5 ~ 2 毫米，萼檐 4 裂；花冠红黄色或红色，顶部 4 枚裂片，裂片近圆形或倒卵形，扩展或外反；果实近球形，双生，成熟时红黑色；花期 5 ~ 7 月。

生长环境

➲ 龙船花喜欢炎热、湿润、日照充足的环境，不耐低温，生长适温 23℃ ~ 32℃，适合在排水良好、富含有机质的沙质壤土或腐殖质壤土中生长。

繁殖方式

➲ 扦插、压条、播种。

应用价值

➲ 龙船花的根茎、花均可入药，具有清热凉血、散瘀止痛、降压等功效，对咳嗽、风湿关节痛、跌打损伤、高血压等症有辅助治疗的作用。

园林绿化

➲ 龙船花株型美观，花叶秀美，花色丰富，可用于花园、公园、庭院、道路旁、风景区等处的绿化栽植，也可作盆栽观赏。

叶片披针形、长圆状披针形或长圆状倒披针形

花序顶生，花较多

花冠红黄色或红色

盐肤木

别名：五倍子树、五倍柴、五倍子

科属：漆树科盐肤木属

分布：辽宁、湖北、湖南、广西、广东、安徽、浙江、福建

形态特征

➲ 落叶灌木或小乔木。植株高 2 ~ 10 米；小枝棕褐色；奇数羽状复叶，纸质的小叶 2 ~ 6 对，卵形或椭圆状卵形或长圆形，前端急尖，基部圆形，叶面暗绿色，叶背粉绿色，边缘有粗钝的锯齿，小叶从下而上逐渐变大；圆锥花序，分枝较多；苞片披针形；花朵乳白色；花萼外面被柔毛，裂片长卵形；花瓣倒卵状长圆形，开花时外卷，边缘有细睫毛；球形的核果成熟时红色；花期 7 ~ 9 月，果期 10 ~ 11 月。

生长环境

➲ 盐肤木喜欢光照充足的环境，对气候和土壤的适应性很强，适合在土层深厚、疏松肥沃、排水良好的沙质壤土中生长。

繁殖方式

➲ 播种、扦插、分株。

应用价值

➲ 盐肤木的嫩茎叶可作为蔬菜食用。其根、叶、花、果实均可入药，具有清热解毒、舒筋活络、散瘀止血等功效，对感冒发热、咳嗽、腹泻、风湿痹痛、跌打损伤等症有辅助治疗的作用。

园林绿化

➲ 盐肤木的适应性强，生长快，耐干旱和瘠薄，可用于荒坡、植物园、公园、道路旁等处的绿化栽植。

植株高 2 ~ 10 米，小枝棕褐色

纸质的小叶卵形或椭圆状卵形或长圆形

山茶

别名：山椿、山茶花、晚山茶、茶花、洋茶

科属：山茶科山茶属

分布：全国各地

形态特征

➲ 常绿灌木。植株高可达 9 米；革质的叶片椭圆形，前端稍尖或急短尖而有钝尖头，基部阔楔形，上面深绿色，下面浅绿色，有 7 ~ 8 对侧脉，边缘有细锯齿；叶柄长 8 ~ 15 毫米；红色的花朵顶生；苞片和萼片约 10 枚，组成杯状的苞被，半圆形至圆形，外面被绢毛；花瓣 6 ~ 7 枚，外侧的 2 枚近圆形，外面被毛，内侧 5 枚倒卵圆形；蒴果圆球形；花期 1 ~ 4 月。

生长环境

➲ 山茶喜欢温暖、湿润和半阴的环境，生长适温 18℃ ~ 25℃，适合在土层深厚、肥沃疏松、排水良好的微酸性壤土或腐叶土中生长。

繁殖方式

➲ 扦插、嫁接、压条、播种、组织培养。

应用价值

➲ 山茶花瓣可食用，具有止血、收敛、凉血、理气、散瘀消肿等功效。山茶是蜜源植物和油料植物，其种子可榨油，用于工业。

园林绿化

➲ 山茶花朵硕大而艳丽，清新雅致，花期较长，可用于公园、疏林边缘、假山旁、庭院、道路旁等处的绿化栽植，也可作盆栽，放在阳台、窗前观赏。

植株高可达 9 米

革质的叶片椭圆形，上面深绿色

红色的花朵顶生

花瓣 6 ～ 7 枚，外侧的 2 枚近圆形

苞片和萼片约 10 枚，组成杯状的苞被

无花果

别名：阿驲、映日果、品仙果、蜜果、文仙果、奶浆果

科属：桑科榕属

分布：新疆、陕西、山东、上海、浙江、广东、四川

形态特征

落叶灌木。植株高 3 ~ 10 米，树皮灰褐色；分枝较多，小枝直立而粗壮；厚纸质的叶片互生，广卵圆形，一般有 3 ~ 5 裂，小裂片卵形，表面粗糙，边缘有钝齿，背面密生灰色的短柔毛，基部浅心形，侧脉有 5 ~ 7 对；叶柄粗壮；红色的托叶卵状披针形；花被片 4 ~ 5 枚；梨形的瘦果单生在叶腋，尾部有小孔，成熟时紫红色或黄色；花果期 5 ~ 7 月。

生长环境

无花果喜欢光照充足、温暖湿润的环境，耐贫瘠和干旱，不耐寒，适合在疏松肥沃、土层深厚、排水良好的沙质壤土或黏质壤土中生长。

繁殖方式

扦插、压条。

应用价值

无花果果实可食用，也可加工成果脯、果酱、果酒、罐头等。果实可入药，具有健胃清肠、消肿解毒等功效，对肠炎、食欲不振、脘腹胀痛、痔疮便秘、咽喉肿痛等症有辅助治疗的作用。

园林绿化

无花果适应性强，耐干旱和贫瘠，树姿优雅，枝叶繁茂，可用于公园、花园、植物园、花坛、庭院等处的绿化栽植，也可作盆栽观赏。

厚纸质的叶片互生，广卵圆形

梨形的瘦果单生在叶腋

黄杨

别名：黄杨木、瓜子黄杨、锦熟黄杨

科属：黄杨科黄杨属

分布：江苏、湖南、湖北、贵州、广东、安徽、山东

形态特征

常绿灌木。植株高 1 ~ 6 米；灰白色的枝圆柱形，有纵棱；小枝四棱形，被有短柔毛；革质的叶片阔椭圆形、阔倒卵形、卵状椭圆形或长圆形，叶面光亮，中脉凸出，下半段一般有微细的毛；花序腋生，头状；花朵密集，雄花约 10 朵，外萼片卵状椭圆形，内萼片近圆形，长 2.5 ~ 3 毫米；蒴果近球形；花期 3 月，果期 5 ~ 6 月。

生长环境

多生长在海拔 1200 ~ 2600 米的山谷、溪边和林下。黄杨喜欢光照充足、湿润的环境，耐阴，耐干旱，对土壤要求不严，适合在肥沃的沙质壤土中生长。

繁殖方式

播种、扦插、压条。

应用价值

黄杨的根、叶均可入药，具有祛风除湿、行气活血等功效，对风湿关节痛、痢疾、胃痛、腹胀、跌打损伤、疮疡肿毒等症有辅助治疗的作用。其木材是雕刻工艺的上等材料。

园林绿化

黄杨树姿优美，叶片如豆瓣，四季常青，可用于公园、园林、行道树、绿篱、假山旁、大型花坛边缘等处的绿化栽植，也可作盆栽观赏。

叶片阔椭圆形、阔倒卵形、长圆形等

革质的叶片叶面光亮，中脉凸出

海桐

别名： 海桐花、山矾、山瑞香、七里香、宝珠香

科属： 海桐花科海桐花属

分布： 江苏、浙江、福建、台湾、广东以及长江和淮河流域

形态特征

常绿灌木。植株高达 6 米，嫩枝被有褐色的柔毛；革质的叶片在枝顶聚生，倒卵形或倒卵状披针形，上面深绿色，前端圆形或钝；伞形花序或伞房状伞形花序，顶生或近顶生，花朵白色，后为黄色；苞片披针形，被褐色毛；卵形的萼片长 3 ~ 4 毫米，被柔毛；倒披针形的花瓣离生；圆球形的蒴果有棱或呈三角形，直径 12 毫米；花期 3 ~ 5 月，果期 9 ~ 10 月。

生长环境

海桐的适应性较强，喜欢光照充足的环境，耐寒冷和暑热，生长适温 15℃ ~ 30℃，对土壤要求不严，适合在肥沃、湿润的土壤中生长。

繁殖方式

播种、扦插、压条。

应用价值

海桐的根、叶和种子均可入药，具有祛风活络、散瘀止痛、解毒、固精等功效，对风湿性关节炎、坐骨神经痛、高血压、梦遗滑精等症有辅助治疗的作用。

园林绿化

海桐枝叶繁茂，叶色浓绿，有光泽，四季常青，花果期较长，可用于公园、花坛、绿篱、草丛边缘、林缘、道路旁等处的绿化栽植，也可作盆栽放在展厅、会场等处观赏。

圆球形的蒴果有棱

嫩枝被褐色的柔毛

花朵白色，顶生或近顶生

革质的叶片在枝顶聚生

叶片倒卵形或倒卵状披针形，上面深绿色

虎刺梅

别名： 铁海棠、麒麟刺、麒麟花

科属： 大戟科大戟属

分布： 全国各地

形态特征

➲ 常绿灌木。茎长 60 ~ 100 厘米，分枝较多，生有纵棱和锥状的刺，刺一般有 3 ~ 5 列，在棱脊上排列；叶片倒卵形或长圆状匙形，互生，在嫩枝上较集中；花序生在枝上部的叶腋，2 个或 8 个，组成二歧状复花序；花序基部都有柄，柄的基部有 1 枚膜质的苞片，边缘有红色的尖头；2 枚苞叶肾圆形，上面鲜红色，下面淡红色；黄红色的总苞钟状，边缘有 5 裂；蒴果三棱状卵形；花果期全年。

生长环境

➲ 虎刺梅喜欢温暖、湿润和光照充足的环境，耐旱，适合在疏松、排水良好的腐叶土壤中生长。

繁殖方式

➲ 扦插。

应用价值

➲ 虎刺梅的根、茎和叶片均可入药，具有解毒、止血、排脓等功效，对肝炎、痈疮、水肿、子宫出血等症有辅助治疗的作用。虎刺梅也可用于布置商场、宾馆、办公室等场所。

园林绿化

➲ 虎刺梅栽培容易，红色苞片色彩鲜艳，花期较长，可用于公园、植物园、花坛、庭院、刺篱的绿化栽植，也可作盆栽观赏。

花序生在枝上部的叶腋，2 个或 8 个

叶片倒卵形或长圆状匙形，互生

朱蕉

别名：朱竹、铁莲草、红叶铁树、红铁树

科属：龙舌兰科朱蕉属

分布：南部热带地区

形态特征

常绿灌木。植株直立，高 1 ~ 3 米；茎粗 1 ~ 3 厘米，有时稍有分枝；叶片绿色或带有一些紫红色，矩圆形或矩圆状披针形，在茎或枝的上部聚生；叶柄长 10 ~ 30 厘米，基部变宽；圆锥花序，长 30 ~ 60 厘米，侧枝的基部有大的苞片，每朵花有 3 枚苞片；花朵淡红色、黄色等；外轮花被片的下半部紧贴内轮，形成花被筒，上半部在盛开时外弯或反折；花期 11 月至次年 3 月。

生长环境

朱蕉喜欢高温、多湿的环境，属半阴的植物，不耐寒，适合在富含腐殖质、排水良好的酸性土壤中生长。

繁殖方式

播种、扦插、压条。

应用价值

朱蕉的花、叶、根均可入药，具有清瘀活血、清热化痰、凉血止血等功效，对咯血、便血、胃痛、月经过多、跌打损伤等症有辅助治疗的作用。

园林绿化

朱蕉株型美观，颜色华丽，花色鲜艳，花期较长，可用于公园、花园、庭院等处的绿化栽植，也可作盆栽，置于窗台、客厅、会场、公共场所等处观赏。

植株直立，高 1 ~ 3 米，茎粗 1 ~ 3 厘米

圆锥花序，长 30 ~ 60 厘米

石榴

别名： 安石榴、若榴木、山力叶、丹若、金罂、金庞

科属： 石榴科石榴属

分布： 全国各地

形态特征

落叶灌木。植株高 3 ~ 4 米，树干灰褐色，上面有瘤状的突起；单叶对生或簇生，叶片长披针形或长圆形或椭圆状披针形；花朵近钟形，顶生或近顶生，单生或几朵簇生或组成聚伞花序，裂片 5 ~ 9 枚；花瓣倒卵形，5 ~ 9 枚，覆瓦状排列；花朵多为红色，也有黄色、白色、粉红色等；球形的浆果顶端有宿存的花萼裂片；花石榴花期 5 ~ 10 月，果石榴花期 5 ~ 6 月，果期 9 ~ 10 月。

生长环境

多生长在海拔 300 ~ 1000 米的山坡、林地。石榴喜欢温暖、向阳的环境，耐干旱，对土壤要求不严，适合在排水良好的夹沙土壤中生长。

繁殖方式

播种、分株、扦插、压条。

应用价值

石榴的叶、果皮、花均可入药，具有清热解毒、平肝、补血、活血等功效，对黄疸性肝炎、哮喘等症有辅助治疗的作用。

园林绿化

石榴树姿优美，枝叶秀丽，花朵大而色艳，花期长，果实鲜艳，可用于公园、庭院、花坛、道路旁、溪畔、建筑物旁、风景区等处的绿化栽植，也可作盆栽观赏。

植株高 3 ~ 4 米，树干灰褐色

叶片长披针形或长圆形

花朵近钟形，多为红色

花瓣倒卵形，5 ~ 9 枚

球形的浆果顶端有宿存的花萼裂片

八角金盘

别名：八金盘、八手、手树

科属：五加科八角金盘属

分布：华北、华东地区和云南

形态特征

➲ 常绿灌木。植株高可达 5 米；茎光滑；革质的叶片近圆形，直径 12 ~ 30 厘米，掌状，7 ~ 9 深裂，裂片长椭圆状卵形，基部心形，边缘有粗锯齿，上表面暗绿色，边缘有时金黄色；圆锥花序，顶生，长 20 ~ 40 厘米；伞形花序直径 3 ~ 5 厘米，花序轴被褐色的茸毛；花萼近全缘；黄白色的花瓣卵状三角形，5 枚；果实近球形，成熟时黑色；花期 10 ~ 11 月，果期次年 4 月。

生长环境

➲ 八角金盘喜欢温暖、湿润的环境，耐阴，不耐干旱，稍耐寒，适合在排水良好、湿润的沙质壤土中生长。

繁殖方式

➲ 扦插、播种、分株。

应用价值

➲ 八角金盘的叶、根白均可入药，具有化痰止咳、散风除湿、化瘀止痛等功效，对咳嗽痰多、风湿痹痛、跌打损伤等症有辅助治疗的作用。

园林绿化

➲ 八角金盘四季常青，叶片硕大，叶形优美，可用于公园、庭院、花坛、窗边、建筑物背阴处、林地等处的绿化栽植，也可作盆栽观赏。

植株高可达 5 米，茎光滑

革质的叶片近圆形，掌状，7 ~ 9 深裂

鹅掌柴

别名： 鸭掌木、鹅掌木、鸭脚木

科属： 五加科鹅掌柴属

分布： 云南、广西、广东、浙江、福建

形态特征

常绿灌木。植株高 2 ~ 15 米；小枝粗壮；小叶一般 6 ~ 9 枚，纸质至革质，多为椭圆形、长圆状椭圆形或倒卵状椭圆形，长 9 ~ 17 厘米，宽 3 ~ 5 厘米，前端急尖或短渐尖，基部渐狭，钝形或楔形，全缘；圆锥花序，顶生，长 20 ~ 30 厘米；分枝上有几个到十几个总状排列的伞形花序，或有 1 ~ 2 朵单生的花；伞形花序有 10 ~ 15 朵白色的花；花瓣 5 ~ 6 枚；球形的果实黑色；花期 11 ~ 12 月，果期 12 月。

生长环境

多生长在海拔 100 ~ 2100 米的阳坡上。鹅掌柴喜欢温暖、湿润的环境，耐干旱，生长适温 16℃ ~ 27℃，适合在肥沃、疏松、排水良好的沙质壤土中生长。

繁殖方式

播种、扦插、压条。

应用价值

鹅掌柴的根、叶、树皮均可入药，具有祛风除湿、活血化瘀等功效，对腰肌劳损、跌打损伤等症有辅助治疗的作用。鹅掌柴是南方冬季的蜜源植物。

园林绿化

鹅掌柴枝叶繁茂，可用于公园、花坛、庭院等处的绿化栽植，也可作盆栽，放在客厅、书房等处观赏。

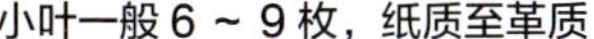

小叶一般 6 ~ 9 枚，纸质至革质

小叶椭圆形、长圆状椭圆形等

棕竹

别名： 观音竹、筋头竹、矮棕竹、棕榈竹

科属： 棕榈科棕竹属

分布： 南部、西南部地区

形态特征

➲ 常绿丛生灌木。植株高 2 ~ 3 米，直立的茎干圆柱形；叶片在茎顶集生，掌状深裂，有 4 ~ 10 枚裂片，宽线形或线状椭圆形，边缘有稍锐利的锯齿；肉穗花序腋生，花朵淡黄色，较小，雌雄异株；2 ~ 3 个分枝花序，上面有 1 ~ 2 次分枝小花穗，花朵在小花枝上螺旋状生长；杯状花萼深 3 裂，裂片半卵形，花冠 3 裂，裂片三角形；果实球状倒卵形；果期 10 ~ 12 月。

生长环境

➲ 多生长在山坡、沟旁潮湿的灌木丛中。棕竹喜欢温暖、湿润的环境，生长适温 10℃ ~ 30℃，适合在疏松、肥沃的酸性土壤中生长。

繁殖方式

➲ 播种、分株。

应用价值

➲ 棕竹的根和叶均可入药，具有祛风除湿、收敛止血等功效，对咯血、风湿痹痛、鼻衄、跌打损伤等症有辅助治疗的作用。

园林绿化

➲ 棕竹丛生，植株挺拔美观，枝叶繁茂，四季青翠，可用于公园、庭院、植物园、景区等处的绿化栽植，也可作盆栽放在会议室、宾馆、客厅等处观赏。

叶片在茎顶集生，掌状深裂，有 4 ~ 10 枚裂片

叶片宽线形或线状椭圆形，边缘有稍锐利的锯齿

散尾葵

别名： 黄椰子、紫葵

科属： 棕榈科散尾葵属

分布： 华南、西南地区

形态特征

➲ 丛生灌木。植株高 2 ~ 5 米；叶片平展而稍下弯，羽状全裂，黄绿色的羽片披针形，有 40 ~ 60 对，两列，长 35 ~ 50 厘米，宽 1.2 ~ 2 厘米，表面被白粉；叶柄和叶轴黄绿色，上面有沟槽；叶鞘一般为黄绿色；花序在叶鞘下生长，圆锥花序，有 2 ~ 3 次分枝，分枝花序上有 8 ~ 10 个小穗轴；金黄色的花朵卵球形，螺旋状着生在小穗轴上；果实稍呈倒卵形或陀螺形，鲜时土黄色，干时紫黑色；花期 5 月，果期 8 月。

生长环境

➲ 散尾葵喜欢温暖、潮湿、通风良好的半阴环境，适合在疏松、肥沃、排水良好的土壤中生长。

繁殖方式

➲ 播种、分株。

应用价值

➲ 散尾葵的叶鞘纤维可入药，具有收敛止血的功效，对吐血、咯血、便血、崩漏等症有辅助治疗的作用。

园林绿化

➲ 散尾葵株型优美，枝叶茂密，四季常青，可用于公园、庭院、植物园、风景区、草地、树阴等处的绿化栽植，也可作盆栽，放在客厅、书房、卧室等处观赏。

丛生灌木，植株高 2 ~ 5 米

黄绿色的羽片披针形，有 40 ~ 60 对

白玉兰

别名：玉兰、望春花、玉兰花

科属：木兰科木兰属

分布：华东、华南地区

形态特征

落叶乔木。植株高可达 17 米，枝条广展；树皮灰色；嫩枝及芽密被淡黄白色的微柔毛；薄革质的叶片披针状椭圆形或长椭圆形，长 10 ~ 27 厘米，宽 4 ~ 9.5 厘米，前端长渐尖或尾状渐尖，基部楔形；碧白色的花朵较大，顶生，直径 12 ~ 15 厘米，先花后叶，有时基部带一些红晕，花被片长圆状倒卵形，9 枚；一般不结果；花期 4 ~ 9 月，果期 6 ~ 7 月。

生长环境

白玉兰喜欢光照充足的湿润环境，耐寒冷，不耐干旱，适合在疏松、肥沃、排水良好的微酸性沙质土壤中生长。

繁殖方式

嫁接、压条、扦插、播种。

应用价值

白玉兰的花瓣可以食用。其根、叶、花朵均可入药，具有清热利尿、止咳化痰等功效，对尿路感染、小便不利、支气管炎、咳嗽等症有辅助治疗的作用。

园林绿化

白玉兰花朵洁白美丽，花香怡人，花期较长，可用于公园、花园、庭院、路边、草坪边缘、山坡、建筑物前、学校等处的绿化栽植。

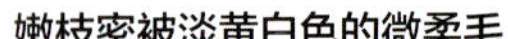

嫩枝密被淡黄白色的微柔毛

花朵较大，顶生，花被片 9 枚

鹅掌楸

别名：马褂木、双飘树

科属：木兰科鹅掌楸属

分布：云南、陕西、安徽、湖北、湖南、广西、四川、贵州

形态特征

➲ 落叶大乔木。植株高可达 40 米，胸径 1 米以上，小枝灰褐色或灰色；马褂状的叶片长 4 ~ 18 厘米，近基部每边有一侧裂片，前端有 2 浅裂，下面苍白色；叶柄长 4 ~ 16 厘米；花朵杯状，花被片 9 枚，外轮 3 枚绿色，萼片状，向外弯垂，内两轮 6 枚花瓣状，倒卵形，绿色，有黄色的纵条纹；聚合果长 7 ~ 9 厘米，有翅的小坚果顶端钝或钝尖；花期 5 月，果期 9 ~ 10 月。

生长环境

➲ 多生长在海拔 900 ~ 1000 米的山地林中、林缘等处。鹅掌楸喜欢光照充足、湿润的环境，适合在肥沃、排水良好的酸性或微酸性土壤中生长。

繁殖方式

➲ 播种、扦插。

应用价值

➲ 鹅掌楸的叶、树皮均可入药，具有祛风除湿、散寒止咳等功效，对风湿痹痛、风寒咳嗽、感冒等症有辅助治疗的作用。其木材可用作家具、建筑用材。

园林绿化

➲ 鹅掌楸生长速度快，花朵大而美丽，秋季时叶形似黄马褂，可用于公园、植物园、道路旁、庭院、草坪边缘等处的绿化栽植。

马褂状的叶片前端有 2 浅裂

花朵杯状，花被片 9 枚

碧桃

别名： 千叶桃花

科属： 蔷薇科李属

分布： 西北、华北、华东、西南地区

形态特征

落叶小乔木。植株高 3 ~ 8 米；树冠宽广平展；树皮暗红褐色，老时鳞片状；绿色的小枝细长，有光泽，向阳处转变成红色；叶片长圆状披针形、椭圆状披针形或倒卵状披针形，前端渐尖，基部宽楔形，叶边有细锯齿或粗锯齿；花朵单生，先于叶开放；绿色的萼筒钟形，被短柔毛，有红色斑点；萼片卵形或长圆形，顶端圆钝；花瓣长圆状椭圆形或宽倒卵形，多为粉红色；果实卵形、宽椭圆形或扁圆形；华东地区的碧桃花期 3 ~ 4 月。

生长环境

碧桃喜欢温暖、光照充足的环境，耐干旱和寒冷，不耐潮湿，适合在肥沃、排水良好的土壤中生长。

繁殖方式

播种、嫁接。

应用价值

碧桃的树干分泌的胶质可食用，也可入药，具有益气、和血等功效，或用作粘接剂等。碧桃的花朵可用作切花材料。

园林绿化

碧桃耐干旱和寒冷，花朵色彩鲜艳，花形多，可用于花园、小区、公园、街道旁、湖滨、溪流、庭院等处的绿化栽植，也可作盆栽观赏。

植株高 3 ~ 8 米，树皮暗红褐色

花瓣长圆状椭圆形或宽倒卵形

叶片长圆状披针形、椭圆状披针形或倒卵状披针形

花朵单生，先于叶开放，多为粉红色

绿色的小枝细长，有光泽

紫叶李

别名：红叶李、樱桃李

科属：蔷薇科李属

分布：华北及其以南地区

形态特征

落叶小乔木。植株高可达 8 米；分枝较多，细长的枝条开展，暗灰色，小枝暗红色；冬芽卵圆形，前端急尖，有数枚鳞片，覆瓦状排列；叶片多为卵形、椭圆形或倒卵形，前端急尖，基部楔形或近圆形，上面深绿色；膜质的托叶披针形；花一般 1 朵，较少为 2 朵，直径 2 ~ 2.5 厘米；花梗长 1 ~ 2.2 厘米；萼筒钟状，萼片长卵形，前端圆钝；白色的花瓣长圆形或匙形，边缘波状，基部楔形；核果红色、黄色或黑色，近球形或椭圆形；花期 4 月，果期 8 月。

生长环境

多生长在海拔 800 ~ 2000 米的山坡、林中、多石砾的坡地、峡谷等处。紫叶李耐干旱，不耐水湿，对土壤要求不严，适合在深厚、肥沃、疏松的土壤中生长。

繁殖方式

扦插、压条、嫁接。

应用价值

紫叶李的观赏价值较高，其苗木的市场需求量很大，具有较高的经济价值。

园林绿化

紫叶李生长速度快，整个生长季节都是紫红色的，可用于公园、花园、建筑物前、道路旁或草坪边缘等处的绿化栽植。

白色的花瓣长圆形或匙形，边缘波状

叶片多为卵形、椭圆形或倒卵形

垂丝海棠

别名： 海棠、解语花、海棠花、垂枝海棠

科属： 蔷薇科苹果属

分布： 江苏、浙江、安徽、陕西、四川、云南

形态特征

落叶小乔木。植株高可达 5 米；小枝圆柱形，微弯曲；紫色的冬芽卵形；叶片卵形或椭圆形至长椭圆形，上面深绿色；伞房花序，有花 4 ～ 6 朵，紫色的花梗下垂，被稀疏的柔毛；萼片三角卵形；粉红色的花瓣倒卵形，基部有短爪，花瓣多为 5 枚以上；果实梨形或倒卵形，稍带一些紫色；花期 3 ～ 4 月，果期 9 ～ 10 月。

生长环境

多生长在海拔 50 ～ 1200 米的山坡、丛林中或溪边等处。垂丝海棠喜欢光照充足、温暖湿润的环境，生长适温 15℃ ~ 28℃，适合在土层深厚、疏松肥沃、排水良好的略带黏质的土壤中生长。

繁殖方式

播种、扦插、压条。

应用价值

垂丝海棠的果实可食用，制蜜饯。花朵可入药，具有调和经血的功效，对血崩有辅助治疗的作用。水养的花枝可作切花材料。

园林绿化

垂丝海棠生性强健，栽培容易，枝叶繁茂，花朵优美，可用于花园、公园、草坪、花坛、道路旁、水边等处的绿化栽植，也可作盆栽观赏。

粉红色的花瓣倒卵形，基部有短爪

伞房花序，有花 4 ～ 6 朵，紫色的花梗下垂

贴梗海棠

别名： 木瓜、皱皮木瓜、贴梗木瓜、铁脚梨、汤木瓜、宣木瓜

科属： 蔷薇科木瓜属

分布： 陕西、甘肃、四川、贵州、云南、广东

形态特征

落叶灌木。植株高可达 2 米；圆柱形的小枝紫褐色或黑褐色；叶片多为卵形或椭圆形，前端急尖，较少圆钝，基部楔形至宽楔形，边缘有尖锐的锯齿；托叶草质，多为肾形或半圆形；花先于叶开放，3 ~ 5 朵花在二年生老枝上簇生；花直径 3 ~ 5 厘米；萼筒钟状；直立的萼片多为半圆形，前端圆钝，全缘，或有波状齿；花瓣多为猩红色，倒卵形或近圆形；果实球形或卵球形；花期 3 ~ 5 月，果期 9 ~ 10 月。

生长环境

贴梗海棠适应性强，喜欢光照充足的环境，耐半阴、寒冷和干旱，对土壤要求不严，适合在肥沃、排水良好的黏土或壤土中生长。

繁殖方式

扦插、压条、播种、嫁接。

应用价值

贴梗海棠的果实可食用。其果实也可入药，具有舒筋活络、镇痛、消肿等功效，对风湿关节痛、腰膝酸痛等症有辅助治疗的作用。

园林绿化

贴梗海棠适应性强，植株优美，花果繁茂，可用于绿篱、公园、庭院、校园、广场、道路旁等处的绿化栽植，也可作盆栽观赏。

圆柱形的小枝紫褐色或黑褐色

花瓣多为猩红色，倒卵形或近圆形

果实球形或卵球形

3 ~ 5 朵花在二年生老枝上簇生

叶片多为卵形至椭圆形，边缘有锯齿

西府海棠

别名： 海红、解语花、子母海棠、小果海棠

科属： 蔷薇科苹果属

分布： 辽宁、河北、甘肃、山西、山东、陕西、云南

形态特征

落叶小乔木。植株高 2.5 ~ 5 米；圆柱形的小枝嫩时被短柔毛；暗紫色的冬芽卵形，前端急尖；叶片长椭圆形或椭圆形，前端急尖或渐尖，基部楔形稀近圆形，边缘有尖锐的锯齿；托叶膜质，线状披针形，边缘有疏生腺齿；伞形总状花序，有 4 ~ 7 朵花在小枝顶端集生；苞片膜质，线状披针形；萼筒外面密被白色长茸毛；萼片三角卵形、三角披针形或长卵形，全缘；粉红色的花瓣近圆形或长椭圆形；红色的果实近球形；花期 4 ~ 5 月，果期 8 ~ 9 月。

生长环境

多生长在海拔 100 ~ 2400 米的地方。西府海棠喜欢光照充足的环境，耐寒冷和干旱，适合在土层深厚、肥沃的微酸性至中性土壤中生长。

繁殖方式

嫁接、播种、压条、扦插。

应用价值

西府海棠的果实可鲜食或加工后食用，其苗木的市场需求量较大，具有较高的经济价值。

园林绿化

西府海棠树姿直立，花朵鲜艳且密集，比较壮观，可用于公园、花园、风景区、庭院、池边等处的绿化栽植。

有 4 ~ 7 朵花在小枝顶端集生

叶片长椭圆形或椭圆形

梅

别名： 梅树、梅花

科属： 蔷薇科李属

分布： 全国各地

形态特征

落叶小乔木。植株高 4 ～ 10 米；绿色的小枝光滑；灰绿色的叶片椭圆形或卵形，叶边常有小锐锯齿；花朵单生，比叶先开放，或有时两朵在一芽内同生，直径 2 ～ 2.5 厘米；花萼多为红褐色，有些品种花萼绿紫色或绿色；倒卵形的花瓣白色至粉红色；近球形的果实黄色或绿白色，直径 2 ～ 3 厘米，被柔毛；花期冬春季，果期 5 ～ 6 月。

生长环境

梅花喜欢光照充足、温暖、湿润的环境，耐干旱，耐瘠薄，对土壤要求不严，适合在疏松、肥沃、排水良好的土壤中生长。

繁殖方式

播种、嫁接、扦插、压条。

应用价值

梅子可生食，也可制成话梅、梅干等。花、叶、根和种仁均可入药，具有解热镇咳、开胃散郁、利肺化痰、活血解毒等功效，对痢疾、肝胃气痛等症有辅助治疗的作用。树干是手工艺雕刻的重要材料。

园林绿化

梅花凌寒开放，品质高雅，花期较长，可用于花园、公园、庭院、草坪、风景区、低山丘陵、道路边等处的绿化栽植，也可作盆栽观赏。

花单生或有时两朵在一芽内同生

花瓣倒卵形，白色至粉红色

桃

别名： 桃树、毛桃、白桃

科属： 蔷薇科李属

分布： 全国各地

形态特征

➲ 落叶小乔木。植株高 3 ~ 8 米，树皮暗红褐色；细长的小枝绿色；冬芽圆锥形；叶片长圆披针形、倒卵状披针形或椭圆披针形，长 7 ~ 15 厘米，宽 2 ~ 3.5 厘米，前端渐尖，基部宽楔形，叶边有细或粗的锯齿；花单生，先于叶开放，直径 2.5 ~ 3.5 厘米；绿色的萼筒钟形，被短柔毛；萼片卵形或长圆形，顶端圆钝；花瓣长圆状椭圆形或宽倒卵形，多为粉红色；果实卵形、扁圆形或宽椭圆形，外面多密被短柔毛，腹缝明显；花期 3 ~ 4 月，果期 6 ~ 9 月。

生长环境

➲ 桃树喜欢光照充足的环境，耐干旱和贫瘠，稍耐寒，适合在疏松、肥沃、排水良好的土壤中生长。

繁殖方式

➲ 嫁接、播种、扦插、压条。

应用价值

➲ 桃子可鲜食或制成桃脯、罐头等，核仁也可食用。桃树干上分泌的桃胶可食用，也可入药，具有益气和血等功效。

园林绿化

➲ 桃树抗旱，耐贫瘠，生长速度快，花朵娇艳，花期较长，可用于花园、庭院、花坛、公园、种植园等处的绿化栽植，也可作盆栽观赏。

花瓣长圆状椭圆形或宽倒卵形，多为粉红色

细长的小枝绿色

果实卵形、宽椭圆形等，外面多密被短柔毛

叶片长圆披针形、倒卵状披针形等

植株高 3 ~ 8 米，树皮暗红褐色

日本晚樱

别名：重瓣樱花、东京樱花、八重樱、江户樱花

科属：蔷薇科李属

分布：黑龙江、山东、河北、江苏、浙江、湖南、贵州

形态特征

落叶乔木。植株高 3 ~ 8 米；小枝淡褐色或灰白色；叶片倒卵椭圆形或卵状椭圆形，前端渐尖，基部圆形，边缘有单锯齿和重锯齿，上面深绿色，下面绿色较淡；伞房花序总状或近伞形，有 2 ~ 3 朵花；褐红色的总苞片倒卵长圆形，内面被较长的柔毛；苞片淡绿褐色或褐色，边缘有腺齿；萼筒管状，萼片三角披针形；粉色的花瓣倒卵形；紫黑色的核果球形或卵球形；花期 4 ~ 5 月，果期 6 ~ 7 月。

生长环境

日本晚樱喜欢温暖、光照充足的环境，稍耐寒，耐干旱和贫瘠，对土壤要求不严，适合在深厚、肥沃、排水良好的土壤中生长。

繁殖方式

播种、嫁接、扦插。

应用价值

日本晚樱的鲜花可供食用，也可制成樱花酒。花蕾可入药，具有镇咳、祛风等功效，对气管炎、咳嗽等呼吸道疾病有辅助治疗的作用。

园林绿化

日本晚樱的花朵较大，重瓣，花色鲜艳，繁花似锦，花期长，可用于庭院、花园、公园、道路旁、建筑物旁、风景区等处的绿化栽植。

粉色的花瓣倒卵形

伞房花序总状或近伞形，有 2 ~ 3 朵花

苏铁

别名： 铁树、辟火蕉、凤尾蕉、凤尾松、凤尾草

科属： 苏铁科苏铁属

分布： 华北、福建、台湾、广东、江西、云南、贵州、江苏、浙江

形态特征

常绿乔木。植株高多为 2 米，树干圆柱形；羽状复叶从茎的顶部生出，下层向下弯，上层斜上伸展，整个羽状叶的轮廓呈倒卵状狭披针形，长 75 ~ 200 厘米，叶轴横切面四方状圆形；厚革质的羽状裂片 100 对以上，条形，向上斜展微成 V 字形，边缘向下反卷，上面深绿色，下面浅绿色；圆柱形的雄球花长 30 ~ 70 厘米；花药一般 3 个聚生；花期 6 ~ 8 月。

生长环境

苏铁喜欢光照充足、暖热湿润的环境，不耐寒冷，耐干旱，稍耐半阴，适合在肥沃、湿润的微酸性土壤中生长。

繁殖方式

分株、播种、扦插。

应用价值

苏铁的茎、种子可供食用。其种子、叶片、花、根均可入药，具有平肝降压、解毒止痛、益肾固精、祛风活络等功效，对痢疾、胃炎、胃溃疡、高血压、遗精、跌打损伤等症有辅助治疗的作用。

园林绿化

苏铁树形古雅美观，羽叶四季常青，可用于公园、庭院、草坪边缘等处的绿化栽植，也可作盆栽，置于厅室等处观赏。

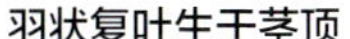

羽状复叶生于茎顶

圆柱形的雄球花

杏

别名： 杏子、杏树、杏花

科属： 蔷薇科李属

分布： 华北、东北、西北地区

形态特征

落叶乔木。株高 5 ~ 12 米；多年生枝浅褐色；叶片宽卵形或圆卵形，长 5 ~ 9 厘米，宽 4 ~ 8 厘米，前端急尖至短渐尖，基部圆形至近心形，叶边有圆钝的锯齿；花朵比叶先开放，单生；花萼紫绿色；萼筒圆筒形；萼片卵形至卵状长圆形；花瓣圆形或倒卵形，白色或带一些红色，有短爪；果实多为球形，白色、黄色至黄红色，多带有一些红晕；花期 3 ~ 4 月，果期 6 ~ 7 月。

生长环境

杏树喜欢光照充足的环境，适应性强，耐干旱和贫瘠，耐寒冷，对土壤要求不严，适合在土层深厚、疏松的中性土壤中生长。

繁殖方式

播种、嫁接。

应用价值

杏子可鲜食或制成杏脯、杏酱等，杏仁可制成食品食用或榨油。苦杏仁可入药，具有降气止咳、平喘、润肠通便等功效，对咳嗽气喘、血虚津枯、肠燥便秘等症有辅助治疗的作用。

园林绿化

杏树耐干旱和贫瘠，容易管理，先花后叶，花期较长，可用于公园、花园、池旁、湖畔或山石边、庭院等处的绿化栽植。

花瓣圆形或倒卵形，白色或带一些红色

花朵比叶先开放，单生

果实多为球形

叶片宽卵形或圆卵形

果实白色、黄色至黄红色

紫丁香

别名： 丁香、华北紫丁香、龙梢子、百结、情客

科属： 木犀科丁香属

分布： 东北、华北、西北、西南地区

形态特征

➲ 落叶小乔木。植株高达 5 米；树皮灰色或灰褐色，小枝较粗；叶片厚纸质或革质，卵圆形或肾形，前端短凸尖至长渐尖或锐尖，基部心形、截形或近圆形等，上面深绿色，下面淡绿色；圆锥花序，直立，长圆形或近球形；花萼长约 3 毫米，萼齿渐尖、锐尖或钝；花冠紫色，花冠管圆柱形；果实倒卵状椭圆形、卵形等；花期 4 ~ 5 月，果期 6 ~ 10 月。

生长环境

➲ 多生长在海拔 300 ~ 2400 米的山坡、丛林、溪边、路旁等处。紫丁香喜欢温暖、光照充足的环境，耐干旱，对土壤的要求不严，适合在肥沃、排水良好的土壤中生长。

繁殖方式

➲ 播种、扦插、嫁接、分株、压条。

应用价值

➲ 紫丁香的叶、树皮均可入药，具有清热燥湿、解毒、止咳定喘等功效，对急性黄疸型肝炎、咳嗽、痢疾等症有辅助治疗的作用。紫丁香还可作切花材料。

园林绿化

➲ 紫丁香植株丰满秀丽，枝叶茂密，花朵硕大而艳丽，可用于花园、庭院、道路旁、草坪等处的绿化栽植，也可作盆栽观赏。

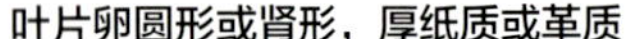

叶片卵圆形或肾形，厚纸质或革质

圆锥花序，直立，花冠紫色

紫荆

别名： 裸枝树、紫珠、满条红

科属： 豆科紫荆属

分布： 河北、广东、广西、云南、四川、陕西、浙江

形态特征

落叶灌木或小乔木。植株高 2 ~ 5 米；树皮和小枝灰白色；纸质的叶片长 5 ~ 10 厘米，近圆形或三角状圆形，前端急尖，嫩叶绿色，叶柄略带一些紫色；花朵多紫红色或粉红色，2 ~ 10 余朵成束，在老枝和主干上簇生，主干上花束较多，一般比叶先开放，但嫩枝或幼株上的花和叶同时开放，花长 1 ~ 1.3 厘米；绿色的荚果扁狭长形；花期 3 ~ 4 月，果期 8 ~ 10 月。

生长环境

紫荆喜欢光照充足的环境，对环境的适应性强，耐干旱，稍耐寒，适合在肥沃、排水良好的土壤中生长。

繁殖方式

播种、分株、扦插、压条、嫁接。

应用价值

紫荆的木、皮、果实、花均可入药，具有清热凉血、祛风解毒、活血行气、消肿止痛等功效，对风湿筋骨痛、跌打损伤、痛经等症有辅助治疗的作用。木材适合用作家具、建筑材料等。

园林绿化

紫荆适应性强，植株耐干旱，花朵成簇，花色鲜艳，花期较长，可用于公园、花园、庭院、道路边、草坪、岩石边、建筑物前等处的绿化栽植。

花朵多紫红色或粉红色，2 ~ 10 余朵成束

花在老枝和主干上簇生

合欢

别名： 红粉朴花、朱樱花、夜合欢、红绒球、绒花树、马缨花

科属： 豆科合欢属

分布： 除新疆、西藏外的全国大部分地区

形态特征

落叶乔木。植株高可达 16 米，树冠广伞形；粗糙的树干灰褐色，嫩枝、花序均被毛；二回羽状复叶，羽片 4 ~ 12 对，各生 10 ~ 30 对线形或长圆形的小叶，叶片长 6 ~ 12 毫米；头状花序，顶生或腋生，多数在枝顶集生，伞房状排列；花萼管状，裂片三角形；花冠粉红色，基部白色，长 8 毫米；扁条形的荚果长 9 ~ 15 厘米，幼时被柔毛；花期 6 ~ 7 月，果期 8 ~ 10 月。

生长环境

多生长在林边、路旁或山坡。合欢喜欢光照充足、温暖湿润的环境，耐干旱和瘠薄，适合在肥沃、排水良好的土壤中生长。

繁殖方式

播种。

应用价值

合欢的嫩叶可食用，花朵可泡茶饮、泡酒等。树皮、花均可入药，具有宁神解郁、和中理气等功效，对失眠健忘、心神不安、郁结胸闷等症有辅助治疗的作用。

园林绿化

合欢耐寒冷、干旱和贫瘠，花色鲜艳，花期较长，可用于道路旁、公园、庭院、风景区、工厂等处的绿化栽植。

二回羽状复叶，羽片 4 ~ 12 对

头状花序，花冠粉红色，基部白色

枣

别名： 枣树、枣子、大枣、刺枣、贯枣

科属： 鼠李科枣属

分布： 吉林、河北、山东、河南、新疆、江苏、福建

形态特征

落叶小乔木。植株高达 10 余米；短枝紫红色或灰褐色，当年生小枝绿色，下垂；纸质的叶片卵形、卵状椭圆形或卵状矩圆形，顶端钝或圆形，边缘有圆齿状的锯齿，上面深绿色，下面浅绿色；黄绿色的花朵单生或 2 ～ 8 个密集成腋生；聚伞花序；萼片卵状三角形；花瓣倒卵圆形，基部有爪；核果矩圆形或长卵圆形，成熟时红色，后变红紫色；花期 5 ～ 7 月，果期 8 ～ 9 月。

生长环境

多生长在海拔 1700 米以下的山区、丘陵、平原地区。枣树喜欢光照充足的环境，耐旱，耐贫瘠，对土壤的要求不严，适合在土层深厚、疏松、肥水充足的土壤中生长。

繁殖方式

播种、扦插、嫁接。

应用价值

枣子可直接食用，也可制成蜜枣、果脯、枣酒、枣醋等。树干适合作雕刻、造船、乐器等材料。枣子和枣子的加工制品可大量出口。

园林绿化

枣树的适应性强，树枝劲拔，树叶翠绿，秋季硕果累累，可用于公园、庭院、道路旁、河堤、荒坡等处的绿化栽植。

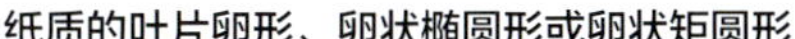

纸质的叶片卵形、卵状椭圆形或卵状矩圆形

核果矩圆形或长卵圆形

柿

别名： 朱果、懒柿子、柿子、猴枣

科属： 柿科柿属

分布： 河南、福建、山东、浙江、广东、湖北、河北、江西

形态特征

落叶大乔木。植株高 10 ～ 14 米；枝条带绿色或褐色；纸质的叶片深绿色，卵状椭圆形或倒卵形或近圆形，前端渐尖或钝，深绿色；雌雄异株，花序腋生，聚伞花序；雄花序有花 3 ～ 5 朵；花萼钟状；钟状的花冠黄白色，裂片卵形或心形；雌花单生叶腋，花萼绿色；花冠淡黄白色或黄白色带紫红色，壶形或近钟形；果形有球形、扁球形等；初时绿色，后黄色或橙黄色；花期 5 ～ 6 月，果期 9 ～ 10 月。

生长环境

柿树喜欢光照充足的环境，耐寒，耐瘠薄，适合在深厚、肥沃、排水良好的中性土壤中生长。

繁殖方式

播种、嫁接。

应用价值

柿子可鲜食，也可加工成柿饼、柿酱、柿糖、柿酒等食品。柿蒂、柿涩汁、柿霜和柿叶均可入药，具有润肺止咳、止血、降压等功效，对肠胃病、心血管疾病、夜尿症等症有辅助治疗的作用。

园林绿化

柿树耐干旱和贫瘠，叶片大而美观，秋季柿果红艳诱人，可用于公园、植物园、果园、庭院等处的绿化栽植。

叶片深绿色，卵状椭圆形或倒卵形等

果形球形、扁球形等

株高 10 ~ 14 米，枝条带绿色或褐色

聚伞花序，钟状的花冠黄白色

果形初时绿色，后黄色或橙黄色

垂柳

别名： 清明柳、线柳、柳树、垂枝柳、倒挂柳

科属： 杨柳科柳属

分布： 全国各地

形态特征

➲ 落叶乔木。植株高可达 12 ~ 18 米，树皮灰黑色；枝条下垂，淡褐黄色、淡褐色或带一些紫色；芽线形，前端急尖；叶片互生，线状披针形或狭披针形，长 9 ~ 16 厘米，宽 0.5 ~ 1.5 厘米，前端长渐尖，基部楔形，上面绿色，下面色较淡，边缘有锯齿；叶柄被短柔毛；托叶斜披针形或卵圆形；花序先于叶片开放或和叶片同时开放；雄花序长 1.5 ~ 3 厘米；苞片披针形；蒴果带绿黄褐色；花期 3 ~ 4 月，果期 4 ~ 5 月。

生长环境

➲ 垂柳喜欢光照充足、温暖湿润的环境，耐水湿，较耐寒，适应性强，对土壤的要求不严，适合在土层深厚的酸性和中性土壤中生长。

繁殖方式

➲ 播种、扦插。

应用价值

➲ 垂柳的木材可供制作家具；枝条柔软，可用于编筐；树皮可提制栲胶；叶片可作羊饲料。

园林绿化

➲ 垂柳的固土能力强，生长速度快，枝条细长，观赏性强，可用于公园、风景区、学校、山坡、庭院、道路边、河岸、池边等处的绿化栽植。

叶片线状披针形或狭披针形，锯齿缘

植株高可达 12 ~ 18 米，树皮灰黑色，枝条下垂

杨梅

别名： 圣生梅、树梅、白蒂梅、火实、朱红

科属： 杨梅科杨梅属

分布： 华东地区和湖南、广东、广西、贵州

形态特征

常绿乔木。植株高可达 15 米以上；叶片革质，一般在小枝上端密集生长；多生在萌发条上者为长椭圆状或楔状披针形，顶端急尖或渐尖，边缘中部以上有锐锯齿，上面深绿色，下面浅绿色；花雌雄异株；雄花序圆柱状，单独或数条在叶腋丛生，一般不分枝呈单穗状；雄花有 2 ～ 4 枚卵形的小苞片；雌花序多单生在叶腋，成覆瓦状排列；球状的核果外表有乳头状的凸起，成熟时深红色或紫红色；花期 4 月，果期 6 ～ 7 月。

生长环境

多生长在海拔 125 ～ 1500 米的低山丘陵、向阳的山坡或山谷中。杨梅耐阴，较耐寒，喜欢阳光较充足的环境，适合在松软、排水良好的砾质壤土中生长。

繁殖方式

播种、扦插、压条、嫁接。

应用价值

杨梅果实可以鲜食，还可加工成罐头、果酱、蜜饯、果汁、果干、果酒等食品。杨梅种植园也具有较高的经济价值。

园林绿化

杨梅枝繁叶茂，初夏时红果累累，比较可爱，可用于公园、景区、草坪、种植园、庭院、道路边等处的绿化栽植。

叶片革质，一般在小枝上端密集生长

球状的核果成熟时深红色或紫红色

榆树

别名：家榆、榆钱、春榆、白榆

科属：榆科榆属

分布：东北、华北、西北及西南地区

形态特征

落叶乔木。植株高可达 25 米；小枝多为淡褐灰色、灰色或淡黄灰色；叶片长卵形、椭圆状卵形、椭圆状披针形或卵状披针形，长 2 ~ 8 厘米，宽 1.2 ~ 3.5 厘米，叶面平滑，前端渐尖或长渐尖，基部偏斜或近对称，边缘有单锯齿或重锯齿，每边有 9 ~ 16 条侧脉；花朵在生枝的叶腋成簇生状，比叶片先开放；翅果多近圆形，较少为倒卵状圆形；花果期 3 ~ 6 月。

生长环境

多生长在海拔 1000 ~ 2500 米以下的山坡、山谷、丘陵等处。榆树喜欢光照充足的环境，耐干旱、寒冷和瘠薄，对土壤的要求不严，适合在深厚、肥沃、排水良好的土壤中生长。

繁殖方式

播种、嫁接、分株、扦插。

应用价值

榆树的树皮、叶、根均可入药，具有安神、健脾等功效，对神经衰弱、食欲不振、体虚浮肿等症有辅助治疗的作用。榆木可用于家具、装修材料等。

园林绿化

榆树的适应性强，生长快，树形高大，可用于绿化带、荒坡、道路旁、庭院、工厂、防护林的绿化栽植，也可作盆栽观赏。

叶片边缘有单锯齿或重锯齿

叶片长卵形、椭圆状披针形或卵状披针形等

侧柏

别名： 黄柏、香柏、扁柏、香树、香柯树

科属： 柏科侧柏属

分布： 除青海、新疆外的全国各地

形态特征

常绿乔木。植株高达 20 余米；浅的树皮纵裂成条片；生有鳞叶的小枝较细，斜展或向上伸展，扁平，成一个平面；鳞形的叶片长 1 ~ 3 毫米，前端稍钝，小枝中央的叶部分斜方形或倒卵状菱形，两侧的叶片船形，前端稍向内弯曲；黄色的雄球花卵圆形；蓝绿色的雌球花近球形；卵圆形的球果成熟前近肉质，成熟后红褐色；花期 3 ~ 4 月，果期 10 月。

生长环境

侧柏喜欢光照充足的环境，适应性强，耐寒，耐干旱和贫瘠，对土壤的要求不严，适合在湿润、肥沃、排水良好的钙质土壤中生长。

繁殖方式

播种、扦插。

应用价值

侧柏的叶、枝、种子均可入药，具有收敛止血、利尿健胃、解毒散瘀、安神等功效，对肾热病、炭疽病、肝病、淋病、热毒等症有辅助治疗的作用。木材可供建筑和家具等用材。

园林绿化

侧柏适应性强，耐干旱，夏绿冬青，比较美观，可用于庭院、道路旁、景区、公园、绿地周围、花坛边缘、草坪等处的绿化栽植。

叶片鳞形，长 1 ~ 3 毫米，前端稍钝

小枝斜展或向上伸展，扁平

落羽杉

别名： 落羽松

科属： 杉科落羽杉属

分布： 长江流域及湖南、湖北、华南地区

形态特征

落叶乔木。植株高可达 25 ~ 50 米，树皮棕色；枝条水平开展；新生的幼枝绿色，冬季转为棕色；生叶的侧生小枝排成 2 列；扁平的叶片条形，长 1 ~ 1.5 厘米，宽约 1 毫米，基部在小枝上成羽状的 2 列，上面淡绿色，下面黄绿色或灰绿色，凋落前变成暗红褐色；卵圆形的雄球花在小枝顶端排成总状花序或圆锥花序；球果向下斜垂，卵圆形或球形，熟时淡褐黄色；种子褐色；果期 10 月。

生长环境

多生长在平原、湖边、河岸和水网、沼泽地区。落羽杉适应性强，耐水淹、干旱、涝渍和土壤瘠薄，适合在湿润且富含腐殖质的土壤中生长。

繁殖方式

播种、扦插。

应用价值

落羽杉的种子是鸟雀、松鼠等动物喜爱的食物。落羽杉对水土保持、涵养水源等能起到较好的作用。木材可作建筑、船舶、家具等用材。

园林绿化

落羽杉的适应性强，生长速度快，耐干旱和瘠薄，树形优美，枝叶茂盛，可用于公园、庭院、风景区、道路旁等处的绿化栽植。

植株高可达 25 ~ 50 米，树皮棕色，枝条水平开展

球果卵圆形或球形，向下斜垂

水杉

别名：活化石、梳子杉、水桫

科属：杉科水杉属

分布：北京以南各地

形态特征

➲ 落叶乔木。植株高可达 35 米；树皮暗灰色、灰色或灰褐色，幼树树皮裂成薄片脱落，大树树皮裂成长条状脱落；枝条斜展，小枝下垂，对生，枝叶稀疏；侧生小枝长 4 ~ 15 厘米，羽状；主枝上的冬芽椭圆形或卵圆形，芽鳞宽卵形；条形的叶片交互对生，上面淡绿色，下面的色彩稍淡；球果矩圆状球形或近四棱状球形，成熟前绿色，成熟时转为深褐色；花期 2 月下旬，果期 11 月。

生长环境

➲ 多生长在山谷或山麓附近地势平缓、土层深厚的地方。水杉喜欢光照充足、温暖湿润的环境，适合在酸性山地黄壤、紫色土或冲积土壤中生长。

繁殖方式

➲ 播种、扦插。

应用价值

➲ 水杉的叶、种子均可入药，具有清热解毒、消炎止痛等功效，对癣疮、痈疮肿痛等症有辅助治疗的作用。水杉也可用于建筑、造纸等材料。

园林绿化

➲ 水杉适应性强，生长速度快，树姿优美，可用于公园、风景区、堤岸、湖滨、池畔、庭院、道路旁等处的绿化栽植，也可作盆栽观赏。

植株高可达 35 米，枝条斜展，小枝下垂

条形的叶片交互对生，上面淡绿色

马尾松

别名： 青松、枞松、山松

科属： 松科松属

分布： 华中、华南地区

形态特征

➲ 常绿乔木。植株高可达 45 米；树皮红褐色；枝条淡黄褐色；褐色的冬芽圆柱形或卵状圆柱形；针叶细柔，多为 2 针 1 束，长 12 ~ 20 厘米，边缘有细锯齿；初生叶条形，长 2.5 ~ 3.6 厘米，叶缘有疏生的刺毛状锯齿；雄球花圆柱形，聚生在新枝下部的苞腋，穗状；雌球花淡紫红色，单生或 2 ~ 4 个在新枝近顶端聚生；球果卵圆形或圆锥状卵圆形，熟时栗褐色；花期 4 ~ 5 月，果期次年 10 ~ 12 月。

生长环境

➲ 马尾松喜欢光照充足、温暖湿润的环境，生长适温 13℃ ~ 22℃，对土壤的要求不严，适合在疏松、肥沃、排水良好的微酸性土壤中生长。

繁殖方式

➲ 播种。

应用价值

➲ 松子可食用，松油脂、松香、叶、根、嫩叶均可入药，具有祛风除湿、活血止痛等功效，对咳嗽、湿疹等症有辅助治疗的作用。马尾松可用于建筑、枕木等材料，松脂、松香是工业上的重要原料。

园林绿化

➲ 马尾松树形高大，姿态美观，可用于公园、山涧、池畔、道路旁、庭前等处的绿化栽植。

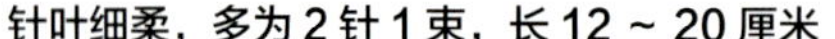

针叶细柔，多为 2 针 1 束，长 12 ~ 20 厘米

初生叶条形，叶缘有刺毛状锯齿

槐

别名：国槐、槐树、豆槐、白槐、金药材、家槐

科属：豆科槐属

分布：全国各地

形态特征

落叶乔木。植株高达 25 米；当年生枝绿色；羽状复叶长度可达 25 厘米；纸质的小叶 4 ~ 7 对，对生或近互生，卵状长圆形或卵状披针形，前端渐尖，有小尖头；圆锥花序，顶生，多呈金字塔形；小苞片形似小托叶，有 2 枚；花萼浅钟状，萼齿 5 枚，圆形或钝三角形；花冠白色或淡黄色，旗瓣近圆形，有紫色的脉纹，翼瓣卵状长圆形；荚果串珠状；花期 6 ~ 7 月，果期 8 ~ 10 月。

生长环境

槐树喜欢光照充足的环境，耐寒冷、干旱和贫瘠，稍耐阴，对土壤的要求不严，适合在酸性至石灰性和轻度盐碱土壤中生长。

繁殖方式

播种、埋根、扦插。

应用价值

槐花可食用，种子可作饲料。其花、叶、枝、根皮、荚果均可入药，具有止血降压、清热解毒、散瘀消肿等功效，对疮毒、湿疹、疥癣等症有辅助治疗的作用。槐树是优良的蜜源植物。

园林绿化

槐树适应性强，耐干旱和贫瘠，枝叶茂密，可用于公园、道路旁、建筑物旁、庭院、草坪等处的绿化栽植。

纸质的小叶 4 ~ 7 对，对生或近互生

圆锥花序，花冠白色或淡黄色

樟

别名： 香樟、芳樟、油樟、樟木、乌樟

科属： 樟科樟属

分布： 南方和西南地区

形态特征

常绿大乔木。植株高可达 30 米；树皮黄褐色；枝条圆柱形，淡褐色；叶片卵状椭圆形，互生，前端急尖，基部宽楔形或近圆形，上面绿色或黄绿色，下面黄绿色或灰绿色；圆锥花序腋生，长 3.5 ~ 7 厘米，有梗；花朵长约 3 毫米，绿白色或带一些黄色；花被筒倒锥形，花被裂片椭圆形；果实紫黑色，卵球形或近球形；花期 4 ~ 5 月，果期 8 ~ 11 月。

生长环境

多生长在海拔 1000 米以下的山坡、沟谷中。樟树喜欢光照充足的环境，适合在富含腐殖质的黑土或微酸性至中性的沙质壤土中生长。

繁殖方式

播种、扦插、分株。

应用价值

樟树的根、木材、树皮、叶、果实均可入药，具有祛风散寒、理气、止痛、强心等功效，对感冒头痛、胃肠炎、风湿骨痛、跌打损伤等症有辅助治疗的作用。木材、根、枝均可提取樟脑和樟油。

园林绿化

香樟根深叶茂，株型美观，四季常绿，树枝秀丽，可用于公园、庭院、道路旁、河堤、荒坡等处的绿化栽植。

叶片卵状椭圆形，互生，前端急尖

果实紫黑色，卵球形或近球形

构树

别名： 构桃树、构乳树、楮实子、谷木、假杨梅、褚桃

科属： 桑科构属

分布： 黄河、长江和珠江流域地区

形态特征

落叶乔木。植株高 10 ～ 20 米；树皮暗灰色；小枝密被柔毛；平滑的树皮浅灰色或灰褐色；叶片广卵形或长椭圆状卵形，螺旋状排列，长 6 ～ 18 厘米，宽 5 ～ 9 厘米，前端渐尖，基部心形，两侧一般不相等，边缘有较粗的锯齿，不分裂或 3 ～ 5 裂；托叶卵形；花雌雄异株；雄花序粗壮，长 3 ～ 8 厘米，披针形的苞片被毛；花被 4 裂，裂片三角状卵形；瘦果的表面生有小瘤；花期 4 ～ 5 月，果期 6 ～ 7 月。

生长环境

多生长在石灰岩山地、荒地、田园、河沟旁等处。构树喜欢光照充足的环境，适应性强，耐干旱和瘠薄，适合在酸性土壤和中性土壤中生长。

繁殖方式

播种、扦插、分株、压条。

应用价值

构树的果实可食用，树皮、叶片、果实、种子均可入药，具有补肾、明目、利尿、强筋壮骨等功效。其嫩叶可作猪饲料。

园林绿化

构树适应性强，生长速度快，繁殖容易，耐干旱和贫瘠，枝繁叶茂，可用于荒滩、工厂、公园、道路旁、矿区、庭院等处的绿化栽植。

瘦果的表面生有小瘤

叶片广卵形或长椭圆状卵形

桑树

别名： 白桑、荆桑、葫芦桑、山桑、山桑条

科属： 桑科桑属

分布： 全国各地

形态特征

➲ 落叶乔木。植株高 3 ～ 10 米，树冠倒卵圆形；树皮粗糙质厚，淡灰色，生有不规则的纵裂纹；叶片广卵形或倒卵圆形，边缘有粗钝的锯齿，长 5 ～ 15 厘米；单性花腋生，和叶片同时生出；雄花序下垂，宽椭圆形的花被片淡绿色，密被白色的柔毛；雌花序长 1 ～ 2 厘米，花被片倒卵形；聚花果卵状椭圆形，成熟时紫红色或紫黑色；花期 4 ～ 5 月，果期 5 ～ 8 月。

生长环境

➲ 桑树喜欢光照充足、温暖湿润的环境，对环境的适应性较强，耐干旱，生长适温 25℃ ~ 30℃，适合在深厚、疏松、肥沃的土壤中生长。

繁殖方式

➲ 播种、扦插、嫁接。

应用价值

➲ 桑葚可鲜食，也可用于酿酒、做果汁和果酱等。根皮、果实、枝条均可入药，具有疏风散热、清肺止咳、平肝明目等功效，对风热感冒、肺热咳嗽、痈肿疮疡等症有辅助治疗的作用。桑叶是桑蚕的食物。

园林绿化

➲ 桑树适应性强，树叶茂密，比较美观，可用于公园、道路旁、工矿区、荒坡、庭院等处的绿化栽植。

聚花果卵状椭圆形，成熟时紫红色或紫黑色

叶片广卵形或倒卵圆形，边缘有粗钝的锯齿

三球悬铃木

别名： 法国梧桐、裂叶悬铃木、鸠摩罗什树、净土树、悬铃木

科属： 悬铃木科悬铃木属

分布： 全国各地

形态特征

➲ 落叶大乔木。植株高可达 30 米；嫩枝被黄褐色的茸毛；叶片较大，阔卵形，基部浅三角状心形，或近于平截，上部掌状多为 5 ~ 7 裂，中央裂片深裂过半，两侧裂片稍短，边缘有少数裂片状粗齿，上下两面初时被灰黄色毛被，掌状脉 5 条或 3 条，从基部发出；叶柄长 3 ~ 8 厘米，圆柱形；雌性球状花序常有柄，萼片被毛，花瓣倒披针形；果枝长 10 ~ 15 厘米，有圆球形头状果序 3 ~ 5 个。

生长环境

➲ 三球悬铃木喜欢光照充足、温暖湿润的环境，耐干旱，较耐寒，对土壤的要求不严，适合在排水良好的微酸性或中性土壤中生长。

繁殖方式

➲ 扦插、播种。

应用价值

➲ 三球悬铃木的果实可入药，具有补气养阴、明目平肝、乌发等功效。三球悬铃木大量用于行道树，具有较高的经济价值。木材可用于制作家具。

园林绿化

➲ 三球悬铃木适应性强，耐干旱，生长速度快，树干高大，可用于公园、道路旁、草坪、荒地、庭前、池畔、厂矿区等处的绿化栽植。

植株高可达 30 米，嫩枝被黄褐色的茸毛

叶片较大，阔卵形，上部掌状多为 5 ~ 7 裂

银杏

别名： 白果树、公孙树、鸭脚树、蒲扇

科属： 银杏科银杏属

分布： 山东、浙江、安徽、福建、江西、河南、江苏

形态特征

落叶大乔木。胸径可达 4 米；枝条近轮生，斜向上伸展；一年生长枝淡褐黄色，二年生以上变为灰色，并有细的纵裂纹；扇形的叶片互生，在长枝上辐射状散生，在短枝上 3 ~ 5 枚成簇生状，两面淡绿色，秋季落叶前变为黄色，叶脉为二歧状分叉叶脉，在长枝上常 2 裂，基部宽楔形；种子有长梗，多为卵圆形、椭圆形、近圆球形；花期 4 ~ 5 月，果期 10 月。

生长环境

银杏喜欢光照充足的环境，耐干旱，对土壤要求不严，适合在深厚、湿润、肥沃、排水良好的中性或微酸性土壤中生长。

繁殖方式

播种、扦插、嫁接、分株。

应用价值

银杏的种仁可以熟食。种子、叶片均可入药，具有敛肺平喘、活血化瘀、止痛等功效，对冠心病、高脂血症有辅助治疗的作用。木材是制作乐器、家具等物品的高级材料。

园林绿化

银杏树适应性强，耐干旱，高大挺拔，姿态优美，可用于道路、庭院、公园、景区、防风林带的绿化栽植，也可作盆栽观赏。

扇形的叶片互生，在长枝上辐射状散生

种子有长梗，多为卵圆形、椭圆形、近圆球形

乌桕

别名：腊子树、桕子树、桕树、木蜡树、蜡烛树

科属：大戟科乌桕属

分布：黄河以南地区

形态特征

➲ 落叶乔木。植株高可达 15 米；树皮有纵裂纹；纸质的叶片互生，多为菱形、菱状卵形，顶端骤然紧缩，有长短不等的尖头，全缘；花单性，雌雄同株，聚集成顶生、长 6 ~ 12 厘米的总状花序，雌花一般生在花序轴的最下部，雄花生在花序轴的上部，有时整个花序全为雄花；苞片阔卵形，小苞片 3 枚；花萼杯状，裂片卵形或卵头披针形；苞片深 3 裂；蒴果梨状球形，成熟时黑色；花期 4 ~ 8 月。

生长环境

➲ 乌桕喜欢光照充足、温暖湿润的环境，耐水湿，适合在深厚、肥沃、排水良好的冲积土壤中生长。

繁殖方式

➲ 播种、嫁接。

应用价值

➲ 乌桕的根皮、树皮、叶均可入药，具有解毒、利尿、通便等功效，对肝硬化腹水、乳腺炎、跌打损伤、湿疹、皮炎等症有辅助治疗的作用。乌桕木是优良的木材。

园林绿化

➲ 乌桕树冠整齐，叶形秀丽，十分美观，可用于草坪、湖畔、池边、河堤、道路旁、公园、庭院、风景区等处的绿化栽植。

纸质的叶片互生，多为菱形、菱状卵形

蒴果梨状球形，成熟时黑色

鸡爪槭

别名： 鸡爪枫、槭树 、青枫

科属： 槭树科槭属

分布： 华东、华中至西南地区

形态特征

➲ 落叶小乔木。树皮深灰色；枝条紫色、淡紫绿色等；纸质的叶片近圆形，5 ~ 9 掌状分裂，一般 7 裂，裂片长圆卵形或披针形，前端长锐尖或锐尖，边缘有紧贴的尖锐锯齿；上面深绿色，下面淡绿色，秋后转为鲜红；花朵紫色，雄花和两性花同株，伞房花序，叶发出后才开花；萼片卵状披针形；花瓣椭圆形或倒卵形，5 枚；翅果初时紫红色，成熟时淡棕黄色；花果期 5 ~ 9 月。

生长环境

➲ 多生长在海拔 200 ~ 1200 米的林边或疏林中。鸡爪槭喜欢光照充足的环境，较耐阴和干旱，抗寒性强，适合在富含腐殖质的湿润土壤中生长。

繁殖方式

➲ 播种、嫁接、压条、扦插。

应用价值

➲ 鸡爪槭的枝、叶可入药，具有行气止痛、解毒消痈等功效，对气滞腹痛、痈肿发背等症有辅助治疗的作用。

园林绿化

➲ 鸡爪槭耐干旱，叶形美观，秋后叶片鲜红色，灿烂似红霞，可用于公园、风景区、道路旁、山麓、池畔、花坛等处的绿化栽植，也可作盆栽，放在室内观赏。

树皮深灰色，枝条紫色、淡紫绿色等

纸质的叶片 5 ~ 9 掌状分裂，秋后转为鲜红

棕榈

别名： 唐棕、拼棕、山棕、中国扇棕、棕树

科属： 棕榈科棕榈属

分布： 除西藏外的秦岭以南地区

形态特征

常绿小乔木。植株高 3 ~ 10 米，树干圆柱形；叶片深裂成 30 ~ 50 枚的裂片，裂片线状剑形，长 60 ~ 70 厘米，宽约 2.5 ~ 4 厘米；雄花黄绿色，卵球形，每 2 ~ 3 朵密集着生在小穗轴上，或单生；花瓣阔卵形；雌花序长 80 ~ 90 厘米，花序梗有 4 ~ 5 个圆锥状的分枝；雌花一般 2 ~ 3 朵聚生；花朵球形；花瓣卵状近圆形；果实阔肾形；果期 12 月。

生长环境

棕榈喜欢光照充足、温暖湿润的环境，耐寒冷和干旱，较耐阴，适合在排水良好、肥沃的中性或石灰性或微酸性土壤中生长。

繁殖方式

播种。

应用价值

棕榈未开放的花苞可供食用。其花、果、种子、根均可入药，具有收敛、止血等功效，对吐血、便血、血淋、尿血、外伤出血等症有辅助治疗的作用。叶子可制扇子、帽子等物品。

园林绿化

棕榈树形挺拔优美，叶色葱茏，适应性强，可用于公园、庭院、道路边、花坛、建筑物前等处的绿化栽植，也可作盆栽放在室内观赏或布置会场。

叶片深裂成 30 ~ 50 枚线状剑形的裂片

植株高 3 ~ 10 米，树干圆柱形

栾树

别名： 木栾、栾华、乌拉、乌拉胶、黑色叶树、黑叶树

科属： 无患子科栾树属

分布： 全国大部分地区

形态特征

落叶乔木。树皮灰褐色至灰黑色；纸质的小叶 7 ~ 18 枚，对生或互生，卵形、阔卵形或卵状披针形，长 3 ~ 10 厘米，宽 3 ~ 6 厘米，顶端短尖或短渐尖，边缘有钝锯齿；聚伞圆锥花序，长 25 ~ 40 厘米，在末次分枝上的聚伞花序有 3 ~ 6 朵花，密集呈头状；苞片狭披针形；花朵淡黄色；萼裂片卵形；花瓣有 4 枚，线状长圆形；蒴果有 3 棱；花期 6 ~ 8 月，果期 9 ~ 10 月。

生长环境

多生长在海拔 1500 米以下的低山和平原地区。栾树喜欢光照充足的环境，适应性强，稍耐半阴，耐寒，耐干旱和瘠薄，适合在石灰质土壤中生长。

繁殖方式

播种、分株、扦插。

应用价值

栾树的花可入药，具有清肝明目的功效，对目赤肿痛等症有辅助治疗的作用。其种子榨油后可用于工业，木材可制家具。

园林绿化

栾树耐寒冷和干旱，春季时嫩叶多为红叶，夏季有满树黄花，到了秋天有紫红色的果实，可用于公园、道路旁、居民区、工厂、庭院等处的绿化栽植。

纸质的小叶 7 ~ 18 枚，对生或互生

聚伞圆锥花序，花朵淡黄色

臭椿

别名： 椿树、木砻树、臭椿皮、大果臭椿

科属： 苦木科臭椿属

分布： 东北南部、华北、西北至长江流域地区

形态特征

落叶乔木。植株高可达 20 米，树皮平滑而有直纹；嫩枝幼时被黄色或黄褐色的柔毛；奇数羽状复叶，长 40 ～ 60 厘米，叶柄长 7 ～ 13 厘米，有小叶 13 ～ 27 枚；纸质的小叶对生或近对生，卵状披针形，前端长渐尖，基部偏斜，叶面深绿色，背面灰绿色；圆锥花序，长 10 ～ 30 厘米；花朵淡绿色；萼片 5 枚，覆瓦状排列；花瓣 5 枚，长 2 ～ 2.5 毫米，基部两侧被粗毛；翅果长椭圆形；花期 4 ～ 5 月，果期 8 ～ 10 月。

生长环境

臭椿喜欢光照充足的环境，适应性强，耐寒冷和干旱，不耐阴，对土壤要求不严，适合在深厚、肥沃、湿润的沙质土壤中生长。

繁殖方式

播种、分株。

应用价值

臭椿的树皮、根皮、果实均可入药，具有清热利湿、收敛止痢、止血等功效。其木材可用于制作农具、车辆等，叶片可饲养椿蚕。

园林绿化

臭椿对环境的适应性强，树干高大，枝叶繁茂，春季的嫩叶紫红色，秋季红果满树，可用于道路旁、工厂、矿区等处的绿化栽植。

奇数羽状复叶，有小叶 13 ～ 27 枚

纸质的小叶对生或近对生，卵状披针形

火炬树

别名： 鹿角漆、火炬漆、加拿大盐肤木

科属： 漆树科盐肤木属

分布： 东北南部、华北、西北北部地区

形态特征

落叶小乔木。植株高可达 12 米；小枝密生有灰色的绒毛；奇数羽状复叶，小叶长椭圆状或披针形，有 11 ~ 31 枚，长 5 ~ 13 厘米，边缘生有锯齿，前端长渐尖，基部圆形或宽楔形，上面深绿色，下面苍白色，两面均被有绒毛，等植株老时绒毛会脱落；圆锥花序，顶生，密生绒毛，花朵淡绿色，雌花花柱有红色刺毛，花柱密集成火炬形；深红色的核果扁形，密生有茸毛，果穗鲜红色；花期 6 ~ 7 月，果期 8 ~ 9 月。

生长环境

火炬树喜欢光照充足的环境，耐寒冷、干旱和贫瘠，适合在开阔的沙质土壤或砾质土壤中生长。

繁殖方式

播种、扦插、分株。

应用价值

火炬树的果实可制作饮料，根皮可入药，种子中的油蜡可制肥皂和蜡烛，木材适合用于雕刻和工艺品。

园林绿化

火炬树对环境有极强的适应性，耐干旱、寒冷和贫瘠，生长速度快，可用于荒坡、盐碱地、河堤、沙地、公园角落等处的绿化栽植。

奇数羽状复叶，长椭圆状或披针形

花柱密集成火炬形

洋紫荆

别名： 玲甲花、羊蹄甲、紫花羊蹄甲、红紫荆

科属： 豆科羊蹄甲属

分布： 南部地区

形态特征

落叶乔木。植株高 7 ~ 10 米；树皮较厚，灰色或暗褐色，近光滑；硬纸质的叶片近圆形，长 10 ~ 15 厘米，基部浅心形，前端分裂较长，叶脉清晰；总状花序侧生或顶生，疏散，花较少，长 6 ~ 12 厘米；花瓣 5 枚，淡红色至紫红色，倒披针形，长 4 ~ 5 厘米，有脉纹和长瓣柄；荚果扁平带状，长 12 ~ 25 厘米，略呈弯镰状，熟时开裂；种子深褐色，圆形略扁，直径 12 ~ 15 毫米；花期 9 ~ 11 月，果期 2 ~ 3 月。

生长环境

洋紫荆喜欢光照充足、温暖湿润的环境，适合在肥沃、排水良好的偏酸性沙质壤土中生长。

繁殖方式

播种、扦插、嫁接、压条。

应用价值

洋紫荆的花芽和嫩叶可以食用，树皮、花均可入药，具有抗菌、镇痛、抗炎、抗癌和抗糖尿病的功效，木材可制作农具。洋紫荆是良好的蜜源植物。

园林绿化

洋紫荆生长速度快，花期长，花朵美丽且有香味，可用于行道树、公园、花园、广场、庭院等处的绿化栽植。

硬纸质的叶片近圆形，基部浅心形

花瓣 5 枚，淡红色至紫红色

木棉

别名：红棉、英雄树、斑芝树、攀枝花、攀枝

科属：木棉科木棉属

分布：云南、四川、贵州、广东、广西、江西、福建

形态特征

落叶大乔木。植株高可达 25 米；树皮灰白色，幼树树干一般密布有锥刺；掌状复叶，有 5 ~ 7 枚小叶，长圆形至长圆状披针形，长 10 ~ 16 厘米，全缘；花朵单生或数朵在枝端簇生，一般比叶先开放，橙红色或红色，直径约 10 厘米；肉质花瓣 5 枚，倒卵状长圆形，长 8 ~ 10 厘米；长圆形的蒴果长 10 ~ 15 厘米，密被灰白色的柔毛；种子倒卵形；花期 3 ~ 4 月，果期夏季。

生长环境

木棉喜欢温暖、光照充足的环境，耐干旱，生长适温 20℃ ~ 30℃，适合在深厚、肥沃、排水良好的中性或微酸性沙质土壤中生长。

繁殖方式

播种、扦插、嫁接。

应用价值

木棉的花瓣可食用或泡茶饮用。其根、花、树皮均可入药，具有清热利湿、解暑、散瘀止痛、活血消肿等功效，对风湿痹痛、跌打损伤等症有辅助治疗的作用。

园林绿化

木棉生长快速，耐干旱，树姿挺拔，有阳刚之美，先开花后长叶，花朵大而美丽，可用于公园、植物园、庭院、道路旁等处的绿化栽植。

花朵单生或数朵在枝端簇生，橙红色或红色

植株高可达 25 米，树皮灰白色

泡桐

别名： 白花泡桐、大果泡桐、空桐木、桐木树

科属： 玄参科泡桐属

分布： 全国大部分地区

形态特征

落叶乔木。植株高可达 30 米，树冠圆锥形；灰褐色的树皮幼时平滑，老时纵裂；叶片长卵状心形，单叶对生，全缘或有浅裂，被白色的短毛，有柄；圆锥花序，顶生，数个聚伞花序复合而成；花萼肥厚，盘状或钟状，5 深裂；花朵白色或淡紫色，较大；花冠管状漏斗形，外面被星状的微毛，里面缀有紫色的斑点；蒴果椭圆形或卵形，果皮木质，成熟以后开裂；花期 3 ～ 4 月。

生长环境

泡桐喜欢温暖、光照充足的环境，较耐阴，不耐寒，适合在疏松、深厚、排水良好的土壤中生长。

繁殖方式

播种、扦插、压条、分株。

应用价值

泡桐的花朵可以食用，其叶、花、根和果实均可入药，具有祛风解毒、消肿止痛、化痰止咳等功效，对筋骨疼痛、疮疡肿毒等症有辅助治疗的作用。木材可供建筑、家具用材。

园林绿化

泡桐生长迅速，花朵大且有香味，盛开时花朵满树，比较壮观，可用于公园、行道树、荒坡、沙地等处的绿化栽植。

植株高可达 30 米，树冠圆锥形

圆锥花序，顶生，花朵白色或淡紫色

索引

B

八角金盘 196
芭蕉 104
白玉兰 202
百日菊 9
百香果 109
薄荷 53
北五味子 108
碧桃 204
变叶木 190
波斯菊 12
半支莲 103

C

侧柏 227
常春藤 126
常夏石竹 81
车轴草 93
臭椿 241
垂柳 224
垂丝海棠 207
葱莲 83

D

打碗花 123
大丽花 16
地肤 101
地黄 60
棣棠花 137
杜鹃 146
多花筋骨草 54

E

鹅掌柴 197
鹅掌楸 203

F

粉团蔷薇 133
凤仙花 82
凤眼蓝 36

G

葛 121
狗尾巴草 28
狗牙花 154
狗枣猕猴桃 112
枸骨 161
构树 233
桂花 153

H

海桐 188
海仙花 129
含笑花 172
合欢 220
荷花 32
鹤顶兰 27
红背桂 191
红花檵木 167
红花酢浆草 64
红叶石楠 141
红掌 96
虎刺梅 192
槐 231
黄菖蒲 63
黄杨 187
火棘 134
火炬花 74
火炬树 242

J

荠菜 24
鸡冠花 22
鸡矢藤 107
鸡爪槭 238
夹竹桃 156
剑叶金鸡菊 13
金缕梅 166
金丝桃 165
金盏菊 10
金钟花 148
锦带花 169
锦葵 46
九里香 144
菊花 14

聚合草 92
君子兰 85

K

孔雀草 6
阔叶十大功劳 162

L

蜡梅 180
狼尾草 29
连翘 150
铃兰 75
凌霄 113
柳叶菜 43
龙船花 182
芦苇 30
栾树 240
罗勒 51
落羽杉 228

M

马鞭草 99
马齿苋 102
马尾松 230
麦冬 65
蔓长春花 157
毛樱桃 142
梅 211
美丽月见草 44
美女樱 39
美人蕉 61
迷迭香 160
茉莉花 152
牡丹 174
木芙蓉 176
木槿 178
木棉 244

N

南天竹 164
茑萝 98
女贞 149

P

爬山虎 114
泡桐 245
炮仗花 122
枇杷 132
平车前 94
葡萄风信子 72
蒲公英 20

Q

千屈菜 37
千日红 23
牵牛花 124
青蒿 7
琼花 170

R

忍冬 125
日本晚樱 214
软枣猕猴桃 115
软枝黄蝉 155

S

洒金桃叶珊瑚 159
三球悬铃木 235
三色堇 41
三叶木通 117
散尾葵 199
桑树 234
山茶 184
山丹 73
山桃草 45
山茱萸 158
珊瑚樱 145
芍药 42
蛇莓 77
石榴 194
石蒜 84
石竹 80
柿 222
蜀葵 48
水杉 229

松果菊 8
睡莲 34
苏铁 215
四季海棠 91

T

桃 212
藤本月季 130
天蓝绣球 78
天门冬 111
贴梗海棠 208
铁线莲 118

W

万寿菊 17
蚊母树 168
乌桕 237
无花果 186
五彩芋 95

X

西府海棠 210
夏枯草 52
苋菜 21
香蒲 31
向日葵 18
薤白 70
杏 216
萱草 69
薰衣草 58

Y

鸭跖草 89
盐肤木 183
杨梅 225
洋紫荆 243
野韭菜 68
野蔷薇 140
野芝麻 50
一串红 56
一串蓝 57
益母草 55
银杏 236
迎春花 151
油菜 88
鱼腥草 100
榆树 226
榆叶梅 136
虞美人 46
羽衣甘蓝 87
雨久花 35
玉簪 71
玉竹 66
郁金香 76
鸢尾 38
月季花 138

Z

枣 221
樟 232
栀子 181
朱顶红 86
朱蕉 193
朱槿 177
诸葛菜 25
紫丁香 218
紫荆 219
紫罗兰 26
紫茉莉 40
紫苏 59
紫藤 119
紫薇 173
紫鸭跖草 90
紫叶李 206
紫叶小檗 163
紫玉兰 171
紫芋 97
棕榈 239
棕竹 198
醉蝶花 62